KB088781

초등아이 언어능력

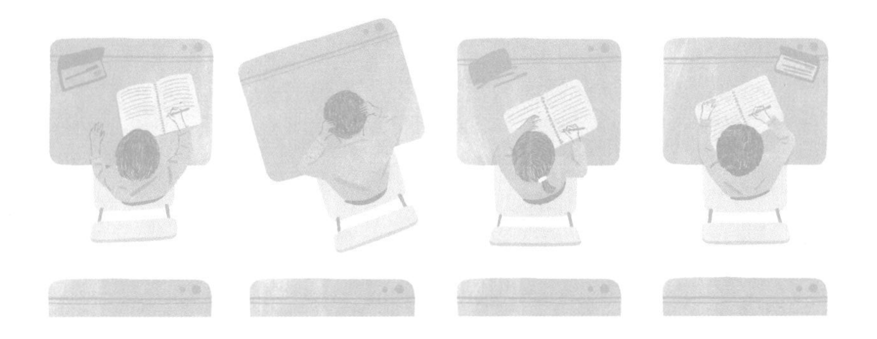

말하기 · 듣기를 넘어 읽기 · 쓰기에 날개를 달아 주는 학령기 언어학습법

초등아이 언어능력

• 언어치료사 장재진 지음 •

"아~ 점점 가르치기 힘들어요. 아이들이 매년 더 떨어지는 것 같아요. 도대체 듣는 것부터, 말하기, 읽기, 쓰기 등 나아지고 있다는 느낌이 없으니 수업하기 진짜 힘드네요."

저학년 선생님은 저학년대로, 고학년 선생님은 고학년대로 위와 같은 고민을 안고 살아간다. 그리고 곰곰이 생각해본다. '왜 시대는 발전하고 급변하는데 사람은 퇴보하는 느낌을 받는 것일까? 무엇이 문제지? 이것을 어떻게 해결할 수 있을까?'

초등교육에 몸을 담은 지 14년 차인 나조차도 쉽게 답을 할 수 없는 실정이다. 그만큼 교육이 쉽지 않음을 반증하는 것일 수도 있다. 하지만 그렇다고 전혀 해답이 없는 것이 아니다. 문제가 있으면 그에 따른 답도 존재하는 법! 생각했던 하나의 문이 닫히면 또 다른 문을 통해

통과하면 그만이다.

"선생님, 이 주제는 제가 자신 있어요"라고 말하는 친구가 있다. 해박한 지식과 지혜를 뽐내며 즐겁게 이야기를 쓰고 말하며, 그에 따른 글을 읽곤 한다. 그 누구보다 즐거운 표정을 지니고 있다. 이런 아이들의 고백을 들을 때마다 『카네기 인간관계론』에서 읽었던 문구가 살아 움직이는 것 같다. "이 세상에서 누군가에게 어떤 일을 하게 하기 위해서는 단 한 가지 방법밖에는 없다. 그것이 무엇인가를 생각해 본 일이 있는가? 그것은 스스로 그 일을 원하도록 하는 것이다. 이것 이외에는 달리 방법이 없다는 것을 명심하라."

교육을 하면서 내가 강조하는 것은 크게 4가지다. 그 어떤 수업 기술보다 중요한 '관찰 – 경청 – 공감 – 반응'이 바로 그것이다. 자세히 들어가 보면 모든 것이 언어와 깊은 관련이 있다. 아이들이 하는 말을 유심히 관찰하고, 아이들이 하는 말을 경청하며 그에 따른 공감적인 언어를 표현하면 상호 반응을 통해 아이들의 자존감도 향상시켜주고 무엇보다 언어를 통해 서로 소통하는 느낌을 가질 수 있다. 소통은 곧 사고를 증진시키고, 교사와 학생간의 라포(Rapport)를 형성하는데 매우 중요한 요소이다. 나는 그것이 학급을 살리는, 아이를 살리는 핵심 키워드라고 여기며 하루하루를 보내고 있다.

어느 날 내 손에 한권이 책이 들려있었다. 읽는 내내 '맞어! 내가 중요하게 여기는 교육적 핵심이 바로 여기에 다 있네'라며 즐겁게 읽었던 『아이의 언어능력』. "아기 때부터 시작하는 엄마표 언어 자극이 우리 아이 언어능력을 좌우한다!"라는 핵심 문장이 크게 다가왔다. 아이의 언어가 커가고, 그와 함께 부모의 마음도 커가고! 그동안 언어 관련 분야에서 긴 시간동안 전문가로서 활동하고 있는 저자가 이번에는 초등학생을 위한 『초등아이 언어능력』으로 세상과 소통한다고 하니 초등교사로서, 부모로서 여간 반가운 소식이 아닐 수 없다.

심리학자인 비고츠키의 인지발달이론에는 '근접발달기'라는 개념이 나온다. "근접발달기는 어른의 도움을 받으면서 학습 과제를 완수할 수 있는 범위를 말한다. 아이는 편안한 상태에서 지식을 갖춘 성인의 도움을 받으며 학습에 임할 때 가장 높은 성취도를 보인다." 언어 또한 마찬가지다. 알맞은 시기에 아이의 능력을 알고 함께 대화하고, 독서하며 하루하루 쌓아가다 보면 어느새 아이의 언어능력이 부쩍 성장하는 모습을 발견할 것이다. 언어능력의 근접발달기가 그 어느 때보다 요구되는 시점이다.

책 속에는 마태복음 25장 29절에서 따온 '마태 효과'가 나온다. '무릇 있는 자는 받아 풍족하게 되고 없는 자는 그 있는 것까지 빼앗기리라' 여기에 생략된 말이 있다. 바로 '언어능력'이다. '(언어능력이)무릇 있는 자는 받아 풍족하게 되고 (언어능력이)없는 자는 그 있는 것까지 빼앗기리라.'

초등학교 6년은 말하기, 듣기, 읽기, 쓰기 네 가지 언어능력을 키우는 결정적 시기다. 개인적으로 이것만 잘 갖춰도 모든 아이들이 배움을 즐겨하고, 매일 성장하는 느낌을 받을 것이라고 확신한다.

김진수

(『행복한 수업을 위한 독서교육 콘서트』 저자, 현 평일초등학교 교사)

들어가는 말

〈언어능력〉에 관한 두 번째 책을 쓰며

우리는 언어를 통해 소통합니다. 언어능력은 어린 시절부터 아이를 판단하는 척도이자 아이의 발달을 짐작케 하는 중요한 수단이 됩니다. 그래서 부모들은 어린 시절부터 아이의 언어능력에 관심을 가지고 다양한 노력과 특별한 정성을 기울입니다.

초등학교 입학을 앞두었거나 혹은 입학하고 나서부터는 아이의 언어능력에 대한 더 많은 고민이 시작됩니다. 그래도 말은 그럭저럭 잘하는 것 같은데, 이제 말이 아닌 '문자'라는 이름의 언어가 아이의 앞에 놓이게 되기 때문입니다.

1년 전 『아이의 언어능력 : 0~7세 평생 언어력을 키워줄 결정적 시기』를 펴내고 책과 강의를 통해서 수많은 부모들을 만났습니다. 대부분의 부모들은 아이가 5세만 넘어도 이제 말이 아닌 글에 대한 고민을 하고 있었습니다. 안타깝게도 듣기와 말하기는 언어능력이라고 생각하면서, 읽기와 쓰기는 다른 영역으로 생각하는 부모들이 많았습니다. 말하기가 잘 되지 않는 것은 부모의 언어 자극의 문제라는 것을 자책하면서, 읽기나 쓰기가 되지 않는 것은 우리 아이의 어떤 점이 부족해서인지 모르겠다고 말하셨습니다.

저 역시 초등학교를 먼저 보내본 선배 부모이자 언어치료사로서 그러한 부분들이 공감되고 충분히 이해도 되었습니다. 초등아이들의 언어능력은 다양한 영역의 영향을 받고 좀 더 복잡하게 확장되어 나아갑니다. 무엇보다 우리가 기억해야 할 것은 이 시기의 언어능력도 영유아기만큼 빠르게 성장한다는 것입니다. 초등학교 1학년이 가진 언어능력과 6학년이 가진 언어능력은 아이들의 자라난 키만큼이나 큰 차이를 보이기 때문입니다.

아쉽게도 그동안 여러 책에서의 초등아이들에 대한 언어능력은 읽기(독서) 또는 쓰기(논술) 등으로 구분하거나 학습적인 언어만을 강조해 왔습니다. 초등학교에 입학하면서부터는 듣기, 말하기, 쓰기, 읽기의 4가지 영역 모두 유기적으로 발달해야 하는 것을 생각하지 못하는 경우도 많았습니다.

초등학교 아이들의 언어능력은 곧 학습능력이 되고, 국어를 잘하는 아이가 수학, 과학도 잘합니다. 초등학교에 입학한 이후의 아이의 언어능력은 단순히 말을 잘하는 능력이 아니라 다양한 소통의 능력, 그리고 학습과 성적에까지 연결되는 개념이 됩니다. 어쩌면 '말만 통하면 되던' 영유아기 시기보다 '다양한 성장이 이루어지는' 초등학교 시기의 언어능력이 훨씬 더 중요할지도 모른다는 생각이 들었습니다. 『아이의 언어능력』을 쓰면서도 마음 한구석에 초등아이들, 학령기 아이들의 언어에 대한 이야기를 꼭 풀어놓고 싶다는 것이 숙제처럼 남아있었습니다. 이렇게 중요한 초등아이들의 언어능력을 제대로 짚어보고 싶다는 욕심 아닌 욕심도 생겼습니다. 그래서 『초등아이 언어능력』을 써야겠다는 생각은 저에게 운명같이 다가왔습니다.

저는 이 책에서 초등학교에 입학한 아이를 위해 꼭 알아야 할 각 영역별 언어능력의 특징과 문제가 생기는 이유, 부모가 도와줄 수 있는 방법들을 정리했습니다. 이 책의 1장에서는 초등학교 아이들이 가져야 할, 그리고 부모들이 꼭 알고 있어야 할 언어능력에 대한 내용을 담았습니다. 초등학교에 입학하면서부터 언어능력은 인지나 학습의 영역과 관련됩니다. 여전히 부모와의 소통이나 언어 환경은 언어능력 발달에 영향을 끼치게 되는 중요한 요소입니다. 2장부터 4장까지는 언어능력의 각 영역인 듣기와 말하기, 읽기와 쓰기에 대한 내용을 담았습니다. 이 책을 쓰면서 20대 때 전공했던 국어국문학에서부터 30대 때 배웠던 언어치료학까지 국어능력과 언어능력에 대한 지식을 하나로 모으기 위해서 노력했습니다.

'아이의 언어능력'에 관련한 두 번째 책을 쓰는 동안, 큰 아이는 중학교에 진학했고 작은 아이는 초등 고학년이 되었습니다. '아침 일찍 깨워도, 늦게 깨워도 뭐라고 하는 사춘기' 큰 아이는 서점에서 책을 사주는 것이 아직도 제일 큰 선물이고 도서관에 가는 것을 가장 좋아 합니다. 얼마 전에는 '책을 써보고 싶다'는 당돌한 말 한마디로 저를 또 한 번 놀라게 했습니다. 누구보다도 반짝거리는 말로 매번 엄마를 감동하게 하는 작은 아이는 읽기와 쓰기에서 놀라운 집중력과 다양한 표현력을 보여주고 있습니다. 두 아이 모두 잔소리처럼 '책 좀 정리하라'는 말을 듣고 살 정도로 곳곳의 바닥에 책을 쌓아두고 봅니다. 두 아이에게 '좋은 엄마'가 되어주지는 못했지만 '언어에 관심 있는 엄마'는 된 덕분에 두 아이 모두 언어능력의 성장기를 잘 지내고 있는 것 같습니다. 언어능력에 대한 두 권의 책을 쓰면서 "엄마가 자랑스럽다"는 아이들이 있어서 정말 행복했습니다.

제가 가는 길을 믿고 지지해주는 가족들 특히, 읽는 것을 좋아하고 표현하고 싶은 것을 쓸 수 있는 능력을 키워주신 부모님께 감사드립니다. 무엇보다도 초등학교 입학을 앞두고 아이의 언어능력을 걱정하고 있거나 읽기, 쓰기와 같은 아이의 언어능력을 어떻게 도와주어야 할지 막막한 부모님들이 이 책을 통해서 작은 용기와 희망을 얻을 수 있다면 저로서는 정말 큰 보람이겠습니다.

2018. 10.
장재진

차례

3부 언어능력을 채우는 '읽기'

4부 언어능력을 표현하는 '쓰기'

초등아이 언어능력, 왜 중요한가

• 1장 •

초등 언어능력 제대로 보기

언어능력, 유아기가 끝이 아니다

초등학교 입학한 아이를 보면 마음이 두근두근하다. 언제 이렇게 커서 초등학교라는 곳에 입학하게 되었는지……. 학교에 간 아이들을 기다리며 삼삼오오 모여 있는 어머님들의 마음이 모두 그러할 것이다. 수업 시간 40분 동안 잘 앉아 있었는지, 전달 사항이나 준비물을 빼놓지는 않았는지, 친구들이나 선생님들과는 별 문제 없이 잘 지내고 있는지 모든 것이 걱정스럽기만 하다.

아이가 학교에서 나오는 순간, 기다리고 있던 엄마들은 아이들의 말에 귀를 기울인다. "엄마, 오늘 ○○한 일이 있었어", "엄마, 선생님이 내일 △△ 가져오래" 어떤 아이들은 엄마를 보자마자 이런저런 이야기를 쏟아놓는다. 그러면 그 아이 주변으로 엄마들이 모여든다. 혹시라도 우리 아이가 전달하지 못한 것을 그 아이가 이야기할 수 있다는 기대 때문이다. 반면 어떤 아이들은 엄마에게 학교에서 어떤 일이 있었는지 잘 전달하지 못한다. 이러한 차이는 어디에서 나오는 것일까.

3교시 과학 시간에 무슨 일이 있었던 것 같은데 아이는 좀처럼 말을 잘 하지 못한다. 답답한 엄마는 결국 말도 잘하고 똑 부러진다는 같은 반 아이의 엄마에게 전화를 건다. "○○ 엄마, 잘 지냈어요? 음… 과학시간에 우리 애랑 짝꿍이랑 싸운 일이 있었나봐. ○○이한테 좀 물어봐줄래요? 우리 애가 말을 시원하게 못하네… 답답해 죽겠어요." 초등학생인데도 좀처럼 자신의 경험이나 선생님의 말씀을 잘 전달하지 못하는 아이를 보면서 마음이 답답하고 속상하다.

첫 단어를 말하고 문장으로 말하고 대화가 되는 것만으로도 기특했던 아이, 부모들은 매순간 우리 아이의 언어가 제대로 자라고 있는지 관심 있게 지켜보며 언어 발달을 위해 노력해왔다. 그런데 우리 아이가 초등학교에 입학하는 순간, 부모들은 이전과는 다른 새로운 언어에 대한 고민에 빠지게 된다. 학교에서 있었던 일을 제대로 말하지 못하거나 주저하는 경우도 생기고 글을 읽고 쓰는 문제도 생기게 된다. 초등학교 1학년이 되어 같은 출발선에 섰는데도 어떤 아이들은 상황에 대해서 말이나 감정 표현과 전달력이 좋고 또 어떤 아이들은 부족하다. '초등학교에 입학하면 반대표 엄마나 똑똑한 여자 아이 한 명 알아놔야 1년이 편하다.'라는 말이 괜히 있는 게 아니다.

학교에 입학하기 이전의 아이들은 상대방의 말을 듣고 자신의 생각을 말하는 것만으로도 자신의 의사를 표현하고 대화하는 데 충분하다. 일부 한글을 읽고 쓰는 과정이 언어 학습에 포함되기는 하지만 조금 부족하더라도 큰 문제가 되지는 않는다는 뜻이다. 기본적인 의사소통의 수단은 상대방의 말을 듣고 말하는 것에 초점이 맞추어져 있기 때문에 이 시기에 상대방의 말을 잘 듣고 의도를 잘 파악하는 것은 물론, 자신의 생각을 잘 말하는 능력을 갖추는 것이 무엇보다 중요하다.

여기에서 우리는 언어의 개념을 다시 한 번 되짚어볼 필요가 있다. 언어는 '사고와 의사소통을 위해 다양한 방법으로 사용되는 상징의 복잡하고 역동적인 체계'라고 했다. '언어능력'은 바로 이러한 언어를 잘 사용하는 능력이라고 할 수 있다. 언어를 사용하는 다양한 방법이 본격화되는 시점이 바로 초등학교에 입학하는 8세 이후다. 초등학교에 입학하면 듣기, 말하기, 쓰기, 읽기라는 4가지 과제가 다양한 방법으로 주어지게 된다. 따라서 기본적인 언어능력이 부족한 아이들은 초등학교에 들어와 큰 어려움을 겪을 수밖에 없다.

부모나 선생님의 질문에 대답하고 또래 친구들과 대화를 나눌 줄만 알면 충분했던 아이들이 초등학교에 입학하는 순간부터 알림장에 선생님이 판서한 내용을 받아 적고 받아쓰기 시험도 봐야 한다. 1학년 1학기부터 읽어야할 글은 책에 빼곡하게 담겨져 있고 수학 교과서도 단순히 숫자가 아니라 읽어서 이해해야 할 서술형 문제가 가득이다. 문제가 이해 안 된다거나 말이 어렵다거나 하는 불평불만을 하는 아이를 보면서 부모들의 마음 한구석은 덜컥 내려앉는다. '혹시 우리 아이가 무언가 부족한 건 아닐까?' 하는 걱정도 든다.

초등학교를 입학한 아이들과 부모가 경험해야 할 것 중 하나가 학교의 '불친절함'이다. 결국 아이가 알아서 생각하고 판단할 거리가 많아졌다는 것이고 아이가 이 정도는 이해하고 판단할 수 있다고 가정한다는 뜻이다. 초등학교 입학 이전에는 부모의 섬세한 보살핌, 선생님과의 소통을 바탕으로 이야기 전달 문제에서 특별히 필요한 것을 느끼지 않던 아이들도 초등학교를 입학한 이후부터는 생각과 다른 학교생활에 어려움을 호소하기도 한다.

왜 아이들은 이런 문제를 겪게 될까? 대부분의 아이들은 학교에 들어갈 때까지 많은 언어 기술을 습득하게 된다. 완전한 문장으로 말을 하고 다양한 형태의 문장도 사용할 수 있다. 문법도 거의 완벽해지고 어른 못지않은 수준의 어휘들도 다양하게 가지고 있다. 이렇게 완벽한 어휘를 구사할 줄 아는 아이들이 언어적으로 더 배울 것이 있을까 싶을 정도다.

하지만 초등학교 이후 아이들에게 요구되는 언어능력은 좀 더 광범위하고 다양해진다. 분명히 말은 잘하는데 글을 이해하지 못하거나 모르는 어휘가 많거나 문장의 뜻을 잘 이해하지 못하는 경우도 있고, 사실적인 이야기에 대한 전달은 잘하는 아이들도 자신의 경험이나 생각에 대한 이야기는 부족한 경우도 많다. 따라서 초등학교에 입학한 이후의 아이들은 언어능력에 좀 더 다양한 편차가 나타난다.

6세 이후 아이들의 리더십과 사회성은 대부분 언어능력이 좌우하게 된다. 6세 이후 아이들은 다양한 규칙을 정해서 놀게 되는데, 아이들의 대부분이 말로 과제를 정하고 규칙을 수시로 바꾼다. 또래 수준의 언어를 이해 못하는 아이들은 친구들과의 놀이에 함께 할 수 없는 경우가 많은데 그러면 자연스럽게 사회성도 떨어지게 된다. 이는 초등학생이 되면 더욱 심화된다. 아이들의 대화에 더욱 복잡한 규칙과 이야기가 오가게 되기 때문이다.

언어능력은 듣기, 말하기, 쓰기, 읽기를 모두 포함해서 언어를 잘 사용하는 능력이다. 이러한 4가지 영역이 모두 주목받는 첫 단추가 바로 초등학교라고 해도 과언이 아닐 것이다. 유아기만큼이나 초등학교 입학 이후에 관심을 기울여야 하는 이유는 4가지 언어 영역이 상호 작용하면서 발달하는 시기이자 이때 언어능력이 이후 중고등학교 시기의 언어적 학습적인 기반이 된다는 점에 있다. 그래서 영유아기에는 누구보다도 아이의 언어에 관심을 가졌다가 막상 초등학교에 입학하면 관심이 없어지는 부모가 많아 안타까운 마음이 든다.

영유아기의 언어가 늦은 상태로 학교에 입학한 부모들의 걱정은 더욱 클 것이다. '안 그래도 부족한 아이가 초등학교에서 잘 버틸 수 있을까', '자신의 존재감을 잘 드러낼 수 있을까' 고민이 이만저만 아닐 것이다. 아이가 학교에 입학할 즈음이 되면 '언어능력이 더 성장할 수 있을까', '괜한 시간 낭비와 돈 낭비를 하고 있는 것은 아닐까' 막연한 불안감이 드는 것도 사실이다.

하지만 분명한 것은 아이들의 언어능력은 계속 자라난다는 점이다. 영유아 아이들에 비해서 초등학교 시기는 다양한 방면으로 아이들의 언어능력이 꾸준하게 성장한다. 초등학교 1학년과 6학년이 쓰는 어휘는 세련미나 고급성의 측면에서 분명한 차이가 있다. 조금 늦은 아이들도 예외일 수 없다. 때때로 다른 아이들보다 조금 늦은 초등 저학년에 갑자기 언어가 늘어나는 친구들이 나타난다. 따라서 아이들의 언어능력을 어떻게 자극하고 키워주느냐에 따라 조금 늦은 아이들도 초등 이후 언어능력은 다른 양상을 띨 수 있다.

그러한 측면에서 본다면, 아이들의 초등학교 시기는 영유아 시기와는 또 다른 언어능력의 폭발기라고 해도 과언이 아닐 것이다. 우리 아이들이 이 시기를 잘 보내기 위해서는 학교라는 공간과 함께 부모의 역할이 여전히 중요하다. 언어능력을 키울 수 있는 제2의 결정적 시기를 놓치지 않도록 부모들이 아이의 언어에 관심을 기울여야 할 것이다.

말하기, 듣기, 읽기, 쓰기가 모두 중요하다

엘리베이터에서 엄마와 함께 이런저런 말을 종알거리는 아이를 보면 참 예쁘다. 어쩜 저렇게 작은 입으로 많은 말을 하는지 신기하기도 하고 기특하기도 하다. 그런 아이와 같은 엘리베이터에 탄 어른들 중에 이렇게 말하는 사람이 꼭 있다. "너는 몇 살이니?" 그만큼 말을 잘하는 아이는 어른들의 주목을 받고 '말 잘하고 똑똑한 아이'라는 칭찬과 격려를 받는다.

'말 잘하는 사람' 주변으로 모여드는 것은 어른이나 아이들이나 똑같다. 말을 논리적으로 하고 자신의 경험이나 감정을 잘 전달하는 아이들이 다른 아이들에 비해 뛰어나 보이기 때문이다. 이런 아이들은 자신의 말만 잘하는 것이 아니라 다른 아이들의 생각도 잘 듣고 조정할 수 있다. 그러다 보니 다른 아이들로부터 신뢰감도 얻게 되고 늘

또래의 중심에 있어 리더십도 가지게 된다.

이 과정은 초등학교에 입학해도 마찬가지다. 말을 잘 전달하고 소통할 수 있는 아이들이 좀 더 주목받는다. 아울러, 이 시기에 언어능력에 대한 새로운 요구가 시작된다. 수년 동안 아무 생각 없이 사용해온 언어 자체에 대한 소리와 구조, 문법을 이해해야 한다. 새로운 단어와 자신이 알고 있던 지식들을 연결하는 과정이 매순간 일어난다. 긴 문장을 듣거나 긴 글을 읽고 순간적으로 해석하면서 계속 의미를 이해하는 과정들이 이루어진다. 이 모든 것의 기반은 바로 언어능력이다.

언어능력의 기본 중의 기본은 듣기와 말하기다. 이러한 듣기와 말하기를 통해서 소통하는 것은 7세 이전의 아이들이나 초등학교 입학 이후의 아이들 모두 마찬가지다. 초등학교 입학 이후의 아이들에게 차이점이 있다면 좀 더 복잡하고 세련된 어휘를 쓴다는 점, 그리고 정확한 문법적 표현이 가능하다는 것이다.

초등학교 아이들은 유아기 아이들에 비해서 자신이 경험했던 일이나 읽었던 책, 보았던 영화 등에 대해서 말할 때 훨씬 더 구체적이고 섬세하게 말한다. 감정 어휘의 사용도 좀 더 많아지고 공감 능력도 발달한 것을 볼 수 있다. 낯선 사람들이 들어도 다 알아들을 수 있을 정도로 발음도 정확하고 표현할 수 있는 어휘도 다양하다. 새로운 어휘들도 금방금방 배우고 그것을 적재적소에 잘 쓴다. 이 시기의 아이들은 다양한 사람들과의 의사소통을 통해 공감 능력과 리더십, 사회성을 배우게 된다. 또한, 다른 사람을 이해할 수 있고 앞으로 사회적 관계를 유지해주는 기반이 될 수 있다.

무엇보다 초등아이의 언어능력에서 '읽기'와 '쓰기'는 가장 큰 고민거리다. 말은 태어나면서부터 자연스럽게 배우게 되지만 글은 좀 더 언어능력이 쌓였을 때 배우고 익히게 된다.

초등학교 저학년 아이들이 여전히 많이 사용하는 것은 사물을 표현하는 명사, 즉 '구체어'다. 보통 아이들이 '신발'이라는 말을 들었을 때 신발의 이미지를 떠올리면서 신발의 여러 가지 형태나 쓰임새를 생각하게 된다. 보거나 만질 수 있는 사물들의 개념이 정확하게 있어야 추상어들을 파악해내는 것이 어렵지 않다. 이 시기 아이들은 직접 경험을 넘어선 많은 어휘들을 학습하게 되고, 그것을 자신의 어휘 목록 안에서 저장하거나 사용할 수 있게 된다. 즉 '새 신발을 신었더니 하늘을 날아갈 것 같다'라는 표현을 썼을 때, 예전에 새 신발을 누군가에게 선물을 받았을 때, 혹은 엄마가 사주었을 때의 기억을 떠올리고 기분 좋았던 생각들도 하게 된다. '정말 신이 나서 팔짝팔짝 뛰고 싶겠다'는 감정의 이입도 해본다. 초등학교 저학년 아이들에게도 구체어를 통한 설명이나 언어 표현의 다양성은 꼭 필요하다.

고학년이 되면 구체어가 아니어도 다양한 표현이 가능해진다. 추상적인 표현만 가지고도 충분히 상황이 이해될 수 있고, 아이들끼리 쓰는 은어나 유행어들도 많이 생긴다. 아이들끼리 순간적으로 어떤 말들을 만들어내기도 한다. 이렇게 즉각적이고 다양하게 언어를 만들어내는 능력은 언어능력에서 나온다고 해도 과언이 아니다. 농담을 잘하고 재치 있게 말을 잘 받아치는 아이들이 있는데, 이들 역시 상대방의 말을 잘 듣고 자신이 알고 있는 어휘를 활용해 적재적소에 필요한 말이나 표현을 잘 활용하는 것이다.

아이가 초등학교 입학을 앞두고 있다면 아이의 언어능력을 다시 한 번 짚어볼 필요가 있다. 아이가 자신의 생각을 정확하게 말하는가, 자신의 의사를 전달을 하는데 논리적인가와 같이 좀 더 복잡한 듣기와 말하기 능력을 꼭 확인해봐야 한다. 만약 아이가 또래에 비해 말하기 영역에 어려움을 보인다면 언어능력이 어디까지 성장해있는지 확인하는 것이 가장 중요하다. 그도 그럴 것이 초등학교 입학할 나이의 아이들의 말하기는 성인만큼 유창하고 발음은 또박또박하며 말에 많은 지식과 정보를 담을 수 있고 꽤 오랫동안 주제를 유지하며 이야기를 나눌 수 있다.

아울러 말을 또래 수준 정도로 하고 있다면 말을 그냥 잘하는 것인지, 충분한 어휘력을 바탕으로 잘하고 있는 것인지 확인해볼 필요가 있다. 보통 언어 수준이 6~7세 수준만 되어도 일상 어휘를 하는 데는 크게 어려움이 없다. 주변의 유치원생들을 생각해보면 6~7세 아이들의 언어가 얼마나 빠르고 정확한지 예상될 것이다. 따라서 아이가 또래보다 언어능력이나 어휘가 부족해서 언어 나이가 6~7세 언어 수준에 있더라도 일상적인 소통에서는 크게 문제없이 느껴질 수도 있다.

특히 어휘는 아이의 듣기, 말하기, 쓰기, 읽기 등 모든 언어 영역에서 고려되어야 한다. 따라서 아이가 또래 수준의 어휘를 얼마나 잘 유지하면서 성장하고 있는지를 확인해봐야 한다. 어휘력을 또래들만큼 갖추지 못하면 언어능력뿐만 아니라 학습능력에도 큰 어려움을 겪게 된다. 어휘력을 키우는 방법은 여러 가지가 있는데 주로 대화나 책, 혹은 미디어와 같은 간접 경험을 통해서다. 무엇보다 제일 좋은 것은 부모 혹은 친구들과의 대화를 통해 어휘를 채워가는 것이다. 책을 통해서 습득하는 것 역시 어떤 어휘가 문장이나 단락 내에서 어떤 역할을 하는지 알 수 있기 때문에 유용할 것이다.

우리말을 잘하면 외국어도 잘한다

초등학교 이전부터 아이들은 우리말뿐만 아니라 외국어를 배우기 시작한다. 초등학교부터 학교에서 영어를 배우기 시작하고 중학교에 가면 영어 외에도 일본어나 중국어 같은 다른 나라 말을 하나 더 배우게 된다. 이렇듯 다양한 언어를 배우고 습득하는 것은 이 시기 아이들에게 중요한 언어 환경적 특징이다.

언어학자 촘스키는 "모든 아이들은 태어날 때부터 언어습득장치를 가지고 있어서 언어를 쉽고 빠르게 배울 수 있다"고 주장했다. 사람은 태어날 때부터 이미 언어를 배울 수 있는 능력을 가지고 태어난다는 뜻이다.

하지만 아이들은 자신이 속한 사회와 문화에서 말하고 생각하고 행동하게 된다. 따라서 아이들 모두가 언어습득장치를 가지고 태어나지만 어떤 아이는 영어를, 또 어떤 아이는 프랑스어를, 우리나라 아이들은 우리말을 하게 된다. 어린 시절부터 듣고 말하기를 통해 배우게 된 많은 말들은 아이의 언어가 된다. 물론 언어습득장치 외에도 다양한 언어 환경에 따라 아이의 언어능력은 성장하기도 하고 그렇지 않기도 하다. 부모나 주위 사람들이 많이 쓰는 말들은 아이도 어렵지 않게 쓰게 되고 어떻게 자극을 주었느냐에 따라 언어능력이 달라진다. 결국 '언어습득장치를 가지고 태어났다'가 아니라 언어자극과 상호작용으로 언어능력을 키워야 한다는 것이 중요하다.

그런데 초등학교에 입학하게 되면 자연스러운 언어로서가 아니라 외국어로서 언어를 배우게 된다. 우리말을 주로 사용해왔던 언어습득장치를 가동하여 다른 나라의 언어를 배우게 된다는 것이다. 이는 아이들에게 자연스러운 과정은 아님에 분명하다. 그리고 일상적으로 쓰는 말도 아니니 어쩌면 외국어를 배우는 아이들은 또 다른 언어 과제 앞에 놓이는 셈이다.

외국어를 배우는 과정에서도 아이들은 우리나라 말과 마찬가지로 듣기와 말하기를 기본으로 학습한다. 그리고 언어를 배우는 것은 의사소통이 기반이 되어야 하기 때문에 영어를 배울 때도 언어적 소통은 분명 필요하다. 영어를 배우는 아이들도 우리말을 배울 때처럼 영어로 된 말을 듣고 대답하며 소통하는 과정을 밟는다. 그리고 책을 활용해서 언어적으로 학습하게 된다.

하지만 학교 교육 과정에서 영어를 비롯한 외국어를 배우게 되는 많은 아이들은 우리말처럼 듣고 말하기가 안정된 이후 단계에서 읽고 쓰기를 배우는 것이 아니라 우리말과는 비교도 안 될 정도로 적은 양의 말 노출이 이루어진 상태에서 바로 읽고 쓰는 과정이 이루어진다. 물론 그 이전보다 아이들의 언어능력이 많이 자라있기는 하지만 듣기, 말하기, 쓰기, 읽기를 거의 단번에 배워야 하는 것과 다를 바 없다. 음운 체계나 규칙, 문법이 우리말과 다른 언어를 배운다는 것은 아이들에게 결코 쉽지 않은 과제임에 분명하다.

일반적으로 우리말을 사용하는 능력이 좋은 아이들이 외국어도 쉽게 받아들인다. 이것은 언어능력이 가진 특징 때문이다. 따라서 우리말을 배웠던 스킬과 언어능력이 잘 갖추어진 아이들은 외국어를 받아들이는 과정 또한 훨씬 더 자연스럽게 이루어진다. 그런데 우리말에 대한 언어적 경험이 충분하지 않거나 어렵게 배웠던 아이들은 일반적으로 다른 나라 말을 배우고 익힐 때도 비슷한 어려움을 겪게 된다. 그것은 언어적인 차이에도 불구하고 언어능력을 활용하는 언어 습득 장치는 크게 발전되거나 개선되지 않기 때문이다.

학교에서 가장 이르게 외국어를 배우게 되는 과목 중 하나인 영어를 생각해보자. 우리말과 영어는 어순도 다르고 문법도 다르다. 읽는 방법도 다르고 쓰는 스킬도 다르다. 사실 부모 시대의 방식은 이러한 것을 '외우는 것'이었다. 우리의 것과 다른 형태의 언어라고만 생각했다.

우리말로 된 책을 많이 읽고 우리말에 대한 경험이 많은 아이들이 영어책도 잘 읽게 된다. 우리말에 대한 경험과 그를 만들어낸 언어능력, 그리고 배경지식이 외국어에까지 미치게 되는 것이다.

글을 읽을 때 좀 더 쉽게 이해하기 위해서 배경지식을 활용하게 된다. 이때, 책을 읽고 이해해본 경험이 많고 다양한 글을 접해본 아이들이 영어책도 좀 더 빨리 잘 받아들인다. 그리고 영어책에 대한 이해도도 높다. 초등학교 이후의 읽기 문제는 단순히 철자를 읽어내는 것이 아니라 언어에 대한 이해도 필요로 하기 때문이다.

글자만 다르지 사실 언어능력의 기본 내용은 똑같다. 우리가 우리말을 하나하나 뜯어내듯 해석하지 않는 것처럼, 영어도 한글처럼 자연스럽게 받아들이는 능력이 요구된다. 이것이 바로 아이들이 가진 각자의 언어능력이다. 그래서 요즘 부모들은 아이에게 영어를 일찍 노출하기도 하고 다양한 방법으로 보여준다. 아이의 언어능력은 곧 영어를 읽고 해석하는 능력으로도 이어진다. 우리가 단어의 뜻을 명확하게 모르더라도 '행간의 의미'나 '문장'을 보고 글을 이해하듯이 영어나 다른 외국어도 마찬가지다.

그리고 우리말의 언어와 문해력이 외국어 학습에 기초가 된다. 우리말에서의 상위 언어능력이 발달하면 외국어 역시 잘 학습할 수 있다. 한글을 잘 배운 아이들이 영어 읽기 · 쓰기에도 똑같은 방법의 원리를 적용하게 되면, 훨씬 더 쉽고 자연스럽게 배울 수 있기 때문이다. 이를 우리는 '전이'라는 개념으로 설명하기도 한다. 결국 체계적으로 이루어진 한글 학습이 성공적인 영어 학습으로 이어질 수 있다.

우리말에 대한 언어능력이 제대로 발달되지 않은 아이들은 다른 언어도 자연스럽게 받아들이기 힘들다. 사실 우리말에 대한 언어능력이 떨어지는 아이들이 영어 실력이 뛰어나다거나, 우리말 소통능력이 부족한 아이들이 일본어를 빨리 배운다거나 하는 것은 거의 드문 일이다. 오히려 우리말을 잘 구사할 수 있는 아이들이 다른 나라 언어도 좀 더 자연스럽게 받아들일 수 있다.

이 시기의 언어능력이 제대로 자라나지 않으면 영어 등 다른 외국어를 배우는 과정도 어렵다는 것을 예측할 수 있다. 학교 교육 과정에서 다양한 언어를 습득하고 익혀야 한다는 측면에서 초등학교 시기의 언어능력은 매우 중요하다. 다양한 언어를 학습할 수 있는 능력은 아이의 언어능력이 얼마나 잘 갖추어져 있고 영역별로 잘 발달되어 가고 있는가가 기준이 되기 때문이다. 언어능력이 잘 갖춰있지 않으면 외국어 습득 또한 결코 쉬운 과정이 아니라는 것을 잊지 말아야 할 것이다.

• 2장 •

초등 언어능력이 아이의 공부머리를 결정한다

언어능력이 곧 학습능력

초등학교 시기에는 전 생애에 걸쳐 가장 많은 양의 어휘를 학습하게 된다. 인지발달 심리학자인 피아제도 "초등학교 시기야말로 언어 교육의 적기"라고 말했다. 특히 이 시기에는 두뇌에서 언어를 관장하는 두정엽과 측두엽이 최고조로 발달하는 시기다.

말하기, 듣기, 읽기, 쓰기를 본격적으로 배우는 이 시기의 아이들은 '학습'과 '또래와의 대화'를 통해서 일상 어휘를 넘어서는 고급 어휘, 학습 어휘를 익히게 된다. 초등학교 입학 이후 언어능력의 많은 부분은 학습적인 것과 관련되며 상급 학교나 상급 학년의 기본이 된다.

많은 부모들은 아이가 글자를 알면 글을 읽을 수 있으며, 글을 읽으면 그 내용을 이해할 수 있다고 생각한다. 하지만 문제는 글자를 안다고 해서 책을 읽을 준비가 다 되었다고 생각하는 것은 큰 착각이다.

생각보다 많은 초등학교 아이들이 글자를 인지하는 속도나 집중력도 약해서 제대로 이해하지 못한다. 또한 글을 쓴다는 것은 좀 더 복잡한 기술이 필요한 일이다. 글자들이 가진 의미와 쓰임새를 잘 알아야 하고 글을 제대로 쓰려면 연습하고 훈련하는 시간 역시 필요하다.

그래도 초등 저학년까지는 좀 낫다. 초등 고학년부터는 많은 과목들을 잘 소화해내야 한다. 지문도 길어지고 내용도 어려워진다. 다양한 배경지식이 없으면 무슨 말인지 알 수 없다. 한자어가 많은 우리말의 특성상 말이 어려워지면 내용도 같이 어려워지는 느낌이 든다. 이렇게 말을 다양하게 만들고 해석하는 능력, 즉 언어능력이 부족하면 제대로 글을 이해하기 어렵다.

요즘엔 많은 아이들이 간단한 문장이나 단어 수준의 한글 읽기와 쓰기를 다 끝내고 오는 경우가 많다. 그래서 초등학교 1학년 또한, 초등학교 1학년 교과서에서 읽어야할 문장이나 들어야하는 지문의 길이도 만만치 않다. 따라서 읽기가 제대로 트레이닝 되지 못한 아이들은 내용을 이해하기 어렵다. 말하는 것보다 쓰기가 훨씬 시간도 많이 걸리고 어려운 일이다. 학년이 올라가면 좀 더 자연스러운 글쓰기가 가능할 정도로 숙달되는 것을 기대할 수 있다.

특히, 초등 시기에는 새롭게 본격적으로 시도되는 읽기, 쓰기와 관련된 아이의 언어능력에 좀 더 초점을 맞춰 관찰하고 언어능력을 키워주기 위한 노력도 함께 해야 한다. 이 시기의 아이들은 우리말의 문법 체계와 음운 규칙 등을 자연스럽게 받아들일 수 있고, 이해할 수 있는 어휘들도 많아진다. 읽기, 쓰기를 통해서 타인의 생각이나 느낌을 해석하고 자신의 생각을 정리해서 표현할 수 있게 된다.

이 시기의 언어능력이 중요한 것은 초등학교 아이들에게 학습적으로나 언어적으로 좀 더 복잡하고 수준 높은 능력을 요구하기 때문이다. 언어능력이 부족한 아이들의 대부분은 학습을 제대로 소화하기 어려워한다. 특히 읽기는 초등학교 저학년 때 반드시 습득해야 할 가장 중요한 학습 기술이라는 점을 주목해야 한다. 초등학교 저학년까지 문자에 대한 해석, 읽기 속도나 읽기 이해력 등에서 문제가 해결되지 않으면 안타깝게도 학습 전반의 어려움으로 연결될 가능성이 높다. 고학년에 이르면 읽어야 될 양도, 생각해야 할 분량도 급속도로 늘어나기 때문이다.

쓰기는 초등 고학년에 더욱 그 가치를 발휘하게 된다. 그런데 글쓰기는커녕 문장 쓰기조차 제대로 이루어지지 못하는 아이라면 자신의 생각을 정리하는 것은 물론 나열하기조차 벅차하는 경우가 대부분이다. 그런데 글쓰기는 맞춤법을 지켜 문법적으로 정확한 글을 쓰는 능력을 말하는 것이 아니다. 언어능력의 관점에서 보는 쓰기란 아이가 가진 사고력의 집합체, 즉 생각을 담는다는 의미에서 중요하다.

초등학교 아이들의 언어능력은 초등학교뿐만 아니라 중학교 이후 아이들의 언어능력, 그리고 학습능력에 기반이 된다는 점에서 매우 중요하다. 말을 잘한다고 간과하고 있었다가 학교생활을 통해서 언어능력에 문제가 있다는 것을 뒤늦게 발견하고 언어치료실을 찾는 아이들이 생각보다 많다. 때로는 성적이 좋지 않고 집중력이 떨어지는 원인을 찾다가 언어의 문제나 읽기의 문제를 발견하기도 한다. 특히 초등 저학년 시기에 언어능력을 충분히 채워놓지 못하면 결국 상위 언어능력과 학습적인 성공으로 발전하지 못하는 결과를 낳는다.

초등학교 아이들의 언어능력을 확인하기 위한 가장 쉽고 자주 쓰는 방법 중 하나는 받아쓰기다. 특히 교과서나 학습적인 내용의 받아쓰기를 해보면, 아이가 어떤 말을 잘 이해하지 못했는지, 무슨 말을 잘 모르는지 분명하게 드러난다. 언어치료를 받고 있지만 15분이 넘게 이야기할 정도로 자기표현도 분명하고 대화도 잘되는 초등학생이 있었다. 물론 언어 평가 결과상으로는 상대적으로 언어능력이 또래들보다 많이 뒤떨어지는 아이였다. 받아쓰기를 통해서 확인해본 아이의 어휘는 생각보다 상당히 떨어지는 편이었고 단어의 뜻을 물었을 때 제대로 설명하지 못했다. 이정도면 자기 학년의 국어나 사회 교과서를 제대로 이해하는 것 역시 역부족일 것 같다는 생각이 들었다. 아이에게 물었더니 난감한 표정을 지으며 교과서가 잘 이해되지 않는다고 했다. 이 아이가 좀 더 자라서 중학교에 진학했을 때, 제대로 교과서를 이해할 수 있을지, 학습의 어려움을 채워낼 수 있을지, 그리고 새로운 형태의 언어 과제가 주어졌을 때 또래 수준으로 원활하게 답을 할 수 있을지 걱정이 되었다.

초등 언어능력은 많은 정보의 양을 처리하는 능력, 그리고 학습과 연결되기 때문에 중요하다. 즉 말만 잘한다고 해서 아이의 언어능력이 잘 완성되었다고 생각해서는 안 된다. 특히 저학년 시기에 아이의 언어능력에 혹시 '구멍'은 없는지, 혹시 놓치고 있는 면은 없는지 잘 살펴볼 필요가 있다. 아이의 언어능력에 대한 부모의 관심이 '커질 수도 있었던 구멍'을 막는 '마개' 역할을 하게 될지도 모른다.

'읽기와 쓰기'가 학습의 토대

읽기와 쓰기를 배우는 것은 학교와 졸업 후의 삶의 성공에 있어 매우 중요하다. 잘 읽는 아이는 다른 아이들보다 많은 지식을 더 빨리 습득할 수 있다. 잘 읽을 수 있는 아이는 그렇지 않은 아이보다 새로운 개념과 단어에 더 많이 노출될 확률이 높다. 연구에 따르면, 잘 읽는 중학생의 경우 1년에 천만 단어 정도를 읽을 수 있다고 한다. 이를 통해 잘 읽는 아이와 그렇지 않은 아이들의 격차는 점차 벌어지게 될 것이라는 것을 예상할 수 있다. 쓰기 능력도 마찬가지여서 아는 것을 표현할 때 아이가 가진 언어능력이 필수적인 역할을 한다. 자신이 아는 지식과 단어, 문장을 연결해낼 수 있는 언어능력이 기반이 되어야 하는 것이다.

그런데 보통 읽기와 쓰기는 말하기와 듣기보다 좀 더 어렵게 느껴진다. 그렇다면 아이가 읽기와 쓰기를 좀 더 어렵게 배우는 이유는 무엇일까? 첫째, 말과는 달리 글은 단어 하나하나가 개별 음소(자음과 모음)로 구성되어 있다는 것과 음소와 문자소 사이에 관련이 있다는 것을 알아야 하기 때문이다. 예를 들어 '가방'이라는 단어는 ㄱ, ㅏ, ㅂ, ㅏ, ㅇ과 같이 구성되어 있다. 우리는 이것을 소리 내어 '가방'이라고 읽게 되는데, 이것이 각각 ㄱ, ㅏ, ㅂ, ㅏ, ㅇ 이라는 음소들로 연결되어 있는 것이다. 그런데 만약 '가방'을 '나방'으로 잘못 읽었다면 그 의미의 해석이 완전히 달라질 것이다. 따라서 이러한 말의 특징을 제대로 알지 못하거나 혼동이 있을 경우에는 읽고 쓰기에 어려움을 겪을 수밖에 없다.

둘째, 아이들은 글이 중심이 아닌 말로 양육되고 소통하는 환경에서 자라왔다. 따라서 의사소통을 위해 말을 사용하는 능력은 거의 본능에 가까울 정도로 자연스럽게 이루어지게 된다. 소리를 이렇게 내야한다거나 발성을 이렇게 해야 한다는 것을 가르치지 않아도 아이들은 옹알이부터 자연스럽게 자신의 소리를 내는 법을 알고 있다. 하지만 읽기는 다르다. 세계의 성인 인구 중 40%가 읽기나 쓰기가 전혀 되지 않는다는 연구 결과가 있을 정도로 읽기와 쓰기는 보편적인 언어소통 수단은 아니다. 따라서 읽기와 쓰기는 좀 더 전문적이고 체계적인 집중과 학습이 필요하다.

셋째, 글은 이해하기 위한 단서가 말보다 부족한 경우가 많다. 말은 서로 마주보고 소통하는 상황에서 발생하기 때문에 순간적인 수정이 나 피드백, 재확인 등이 가능하다. 또한 표정, 제스처 등이 대화에 대한 많은 단서를 제공하기도 한다.

하지만 쓰기와 읽기는 개인의 노력을 필요로 하는 경우가 많다. 읽는 사람은 내용을 충분히 이해하기 위한 개인적인 관심과 노력을 기울여야 한다. 아무리 쉬운 글이라도 집중하지 않으면 쓰여 있는 내용이 무엇인지 확인하기 쉽지 않다. 쓰는 사람 역시 읽는 대상자가 어떤 사람인지 모르기 때문에 읽는 사람을 충분히 배려할 수 없다. 어떤 독자가 읽을 것인지를 생각해서 쓰지만, 어떤 사람이 실제로 그것을 읽게 될지는 사실 미지수이기도 하다.

따라서 말과 글은 언어로 무언가를 소통하고 전달한다는 측면에서 비슷하기도 하지만 완전히 다르다. 좀 더 어려운 것이 글이라는 것은 의심의 여지가 없다. 그렇기에 남들보다 조금 더 빠르고 정확한 읽기 능력을 가진 아이들은 다른 아이들에게 부러움의 대상이 된다. 대학 입시나 학교에서 치르는 국어나 논술 시험에서 생각보다 길고 어려운 지문이 아이의 실력에 발목을 잡는 경우가 더러 있다. 한 번에 습득하고 읽어야 할 정보의 양은 많고 그것을 읽고 제대로 해석하는 능력은 부족해서 어려움을 겪는다.

처음부터 그렇게 길고 어려운 지문을 빠른 속도로 정확하게 읽어 낼 수는 없다. 읽기가 본격적으로 시작되는 초등학교 시기부터 읽기에 대한 관심을 가지고 지도한다면 우리 아이에게 가장 중요하고 필수적인 경쟁력이 될 것이라는 점은 분명하다. 어쩌면 정확하고 빠르게 읽어내는 능력은 학창 시절만큼이나 성인이 되면서 더욱 중요한 언어능력이 된다. 일반적으로 이야기를 해석하는 능력이나 다른 사람들의 감정에 공감 능력이 뛰어난 아이들이 읽기의 수준도 높다. 읽는 글의 주인공의 태도나 행동의 의도를 이해하는 능력이 있기 때문이다. 때로는 작가의 의도를 이해하고 글을 좀 더 깊이 파악하기도 해야 한다.

읽는 것보다 쓰는 것은 더욱 섬세하면서도 복잡한 언어능력을 필요로 한다. 글쓰기 과정이 어려운 이유 중 하나는 최소한 글을 쓰는 동안 우리는 쉬지 않고 계속 생각을 할 수밖에 없기 때문이다. 어떤 글을 써야 하는지, 어떤 단어나 문장이 적절할지, 내용은 어떻게 만들어야 하는지 고민하면서 글을 써내려가게 된다. 이렇듯 글쓰기가 어려운 것은 글이란 단순한 글자의 나열이 아니기 때문이다. 단어를 연결해 정리된 문장을 만들고, 명확하지 않았던 것이 정리되는 과정을 거친다. 즉 머리로 생각한 것을 손으로 써내는 작업이 요구되며 생각하는 힘과 함께 근육의 힘, 손과 눈의 협응이 필요하다. 내용뿐만 아니라 종이 위에 어디서부터 어디까지 써내야 할지, 공간을 어떻게 나누어 써야 할지, 줄은 어디에서 어떻게 맞춰야 할지 등 공간적인 면도 생각하면서 글을 써야 한다. 자신의 생각을 다른 사람들이 이해하도록 표현하는 복잡한 작업이기 때문에 글쓰기는 언어능력 중에 가장 나중에 발달하는 개념이기도 하다.

경영학의 대가인 피터 드러커는 "글쓰기 능력은 스펙을 뛰어넘는 힘이 있다. 미래에는 글쓰기가 핵심 역량이다"라고 말했다. 이렇듯 부모들이 쓰기 능력에 관심을 가지는 것은 글쓰기만큼 자신을 표현하는 중요한 수단이 없기 때문이다. 학교에서도 글로 자신을 잘 표현하는 아이들은 주목받게 되고 아직도 논술이나 쓰기 능력은 아이의 진학 등을 결정하는 중요한 기준이 된다.

표현하는 재미와 쓰기의 즐거움을 아는 아이들이 쓰기에 흥미를 가지게 된다. 그것이 우리 아이의 경쟁력이 된다. 특히 쓰기는 아이들 대부분이 어려워하고 힘들어하기 때문에 남들보다 조금 더 잘, 그리고 쉽게 할 수 있는 능력을 가지고 있다면 그것이 특별한 언어능력이 될 것이다. 그래서 부모들이 이러한 표현의 재미를 어떻게 만들어줄 것인가, 어떻게 아이들에게 쓰기와 관련된 언어능력을 키워줄 것인가를 조금 더 고민하면 된다.

초등학교 입학 전에는 '잘 말하는 것'이 아이들의 경쟁력이 되었다면, 초등학교 입학 이후부터는 '읽고 쓰는 능력'이 된다. 다른 아이들과 구별되는 특별한 경쟁력이 될 수 있는 읽기와 쓰기 능력, 그 언어능력의 출발점이자 기초가 초등 저학년에 시작된다는 것을 잊지 말아야 할 것이다.

평생 언어력을 결정하는 두 번째 시기

사람의 언어능력은 평생 동안 발달한다. 아무리 배우는 속도가 늦는 아이어도, 가장 급속하게 발달한다는 영유아기를 지났어도, 초등학교에 입학한 아이들이라고 해도 모두 언어능력의 발달 과정 안에 있다. 영유아기 시기를 지난 이후에도 새로운 경험을 하게 되고, 다양한 어휘를 배우게 되고, 학습적으로 많은 말과 글들을 알게 된다.

초등학교를 입학한 아이들은 정보 처리의 방법도 다양해져서 이전 시기의 아이들이 감각적으로 언어를 받아들였다면 이제는 다양한 인지처리의 과정에서 언어를 이해하고 사용한다. 또한 언어를 좀 더 능수능란하고 자유롭게 쓸 수 있다.

우리는 초등학교 시기의 언어적인 성장에 크게 주목해야 할 필요가 있다. 초등학교 시기 혹은 읽기와 쓰기를 배우는 시기가 되면 아이들의 언어능력은 또 한 번의 큰 성장을 거치게 된다. 이 시기를 어떻게 보내느냐, 그리고 아이의 언어가 어떻게 성장하느냐에 따라 이후의 언어능력은 좀 더 다른 면모를 가진다. 그래서 이 시기의 아이들에게 듣기, 말하기보다는 읽기와 쓰기 영역을 더 강조하게 된다. 이 과정에서 어려움을 겪는 많은 아이들이 언어치료실을 찾는 경우가 생긴다. 그만큼 이 시기는 언어와 학습을 좌우하는 읽기와 쓰기에 관련된 언어능력이 급속도로 자라난다는 점에서 매우 중요하다.

초등학교 시기가 중요한 이유 중 하나는 뇌의 성장 때문이다. 이 시기에는 두정엽과 측두엽이 크게 성장하게 되는데 측두엽은 언어적인 기능과 청각적인 기능 모두를 담당한다. 두정엽은 수학이나 문법, 공간 지각 능력 등을 담당하는 영역이다. 특히 측두엽은 언어 활동과 커뮤니케이션에서 가장 중요한 기능을 하는데, 여기에 브로카 영역과 베르니케 영역이 포함되어 있다. 그중 베르니케 영역은 외부로부터 정보를 받아들여 사물이나 사람을 인식하고 기억이나 지식을 저장하며, 언어를 이해하는 기능을 한다. 말 그대로 문자와 말을 이해하는 것을 담당한다. 브로카 영역은 말하는 기능을 담당하는데 이 부분이 손상되면 말하는 기능이 떨어지거나 발음의 정확도도 떨어진다.

초등학교 시기는 언어능력뿐만 아니라 인지 기능을 담당하는 뇌의 기능들이 활성화되는 시기이기 때문에 이전의 0~7세 시기만큼, 아니 그 이상으로 많은 언어 자극을 받아야 한다. 아직도 뇌를 구성하는 뉴

런은 빠르게 연결되고 기능을 최대화하기 위해서 최선을 다해 움직이고 있다.

따라서 초등학교 아이에게도 책을 읽어주는 소리나 사람의 말소리에 집중하고 대화에 참여할 수 있도록 하는 듣기 영역은 매우 중요하다. 말하는 영역도 마찬가지다. 다양한 경험과 어휘를 바탕으로 아이들의 말하는 능력은 점차 더 발달하게 된다. 말하는 속도 역시 더욱 원활하고 빨라지는 시기가 초등학교 입학 이후다. 언어능력을 기반으로 읽기와 쓰기도 함께 성장하게 된다. 읽기와 쓰기는 아이의 언어능력에 필수적인 요소이면서도 초등학교 이후에는 언어능력의 가장 큰 부분을 차지하게 된다.

많은 학자들이 초등학교 고학년 시기 혹은 졸업하는 즈음이 되는 12세경이 되면 언어적인 많은 기능들이 거의 완성된다고 본다. 그 이후에 언어능력이 성장하지 않는 것은 아니지만 그 이전보다 급속하게 성장하기는 어렵다는 것이다. 그러므로 초등학교 시기에 듣기, 쓰기, 읽기, 말하기 네 가지 언어 영역이 모두 잘 갖추어지지 않으면, 본격적인 학습이 이루어지는 중학교 이후에는 어려움을 겪게 될 수도 있다.

초등학교 시기를 평생 언어력을 결정하는 두 번째 시기라고 보는 이유 또한 여기 있다. 무엇보다 이 두 번째 시기가 두 번째로 중요한 것은 아니라는 점을 강조하고 싶다. 오히려 이전의 영유아기 시기보다 더 중요할 수도 있음을 기억해야 한다.

아울러, 두 번째 시기라는 점은 이전에는 다소 늦었더라도 그것을 만회할 수 있는 또 다른 기회일 수 있다는 것이다. 아울러 더욱 큰 성장을 불러일으킬 수 있는 때이기도 하다. 말이 늦었거나 청각적인 어려움이 있었다고 해도 읽기와 쓰기 영역에서 아이에게 이루어지는 적절한 자극과 관심은 아이의 언어능력을 또 한 번 성장시키는 동력이 된다. 읽기에서 어휘를 많이 배운 아이들은 말하기에서 또 다른 변화가 생길 수 있다. 쓰기를 많이 해본 아이들은 듣기나 말하기에서도 언어적 집중력이 생기고 문법적인 구성이 이루어지기도 한다. 제대로 잘 듣고 말하는 능력이 읽기나 쓰기에 도움이 되기도 한다.

듣기와 말하기를 잘하는 아이라면 초등학교 시기에 본격적으로 배우게 되는 읽기와 쓰기에서의 자신감만 생겨도 언어에서만큼은 누구보다도 자존감이 높은 아이로 성장하게 된다. 따라서 네 가지 언어 영역이 역동적으로 움직이며 영향을 주고받는 초등학교 시기는 평생 언어력을 만드는데 매우 중요하다.

아이의 언어능력이 듣기, 말하기, 읽기, 쓰기라는 네 가지 영역을 모두 살펴봐야 한다는 측면에서 아이의 언어능력은 명확하게 파악되어야 한다. 네 가지 영역의 언어능력이 고르게 성장할 수 있도록 부모가 도와주고 부족한 부분을 채우도록 노력을 기울인다면 아이의 언어능력은 또 다른 반전이나 전환기를 맞이할 수도 있다.

이러한 초등학교 시기의 언어능력이 가진 중요성에도 불구하고 그동안 초등학교 시기의 언어능력에 대한 주목이나 관심은 많이 이루어지지 못했다. 읽어도 이해가 안된다는 아이들, 공부에 집중하지 못하는 아이들, 들어도 보아도 무슨 말인지 모르겠다는 아이들의 문제가 혹시 언어능력으로부터 비롯된 것은 아닌지 다시 한 번 유심히 살펴볼 필요가 있다. 그리고 그 이유가 읽기 자체의 어려움인지, 어휘의 문제인지, 이해의 문제인지도 다시 한 번 확인해보아야 한다. 만약 언어능력의 문제라면 아이의 언어능력에 대해서 부모의 도움이나 주변의 관심이 필요하다. 이를 통해서 아이는 달라질 수 있고, 전문가를 찾아 도움을 받는 일에도 좀 더 적극적이어야 할 필요가 있다.

언어는 평생 발달하고 어휘는 계속 증가한다. 아이에게는 일생에서 그저 한 과정일 뿐일 수도 있는 시기이지만, 초등학교 아이들의 언어능력을 다시 되짚어보고 생각해보는 기회가 되었으면 좋겠다.

• 3장 •

저학년,
언어능력은 계속 자란다

늘어나는 정보의 양, 요구되는 표현력

초등학교는 입학 이전 시기와는 달리 언어를 통한 학습이 강조된다. 교육 기관의 학습에서 가장 크게 달라지는 점은 '교과서'라는 책이 있다는 것이다. 심지어 초등 3학년부터는 열 권 넘는 책을 한 학기에 배운다. 책만 있는 것이 아니라 수업 시간마다 무언가를 새롭게 배우고, 친구들과 토론하고, 발표하고, 책이나 노트에 써보는 과정이 포함된다.

초등학교 입학 이후 아이의 언어능력에서 가장 중요한 것은 아이가 '말과 글로 받아들이는' 정보의 양이 많아진다는 점이다. 받아들이는 정보가 선생님의 말일 때도 있지만 교과서를 읽거나 종이로 주어진 과제의 내용처럼 읽어야 할 거리도 많아진다. 때때로 교과서의 빈칸을 채워 넣어야 하고, 교실 앞으로 나가서 발표도 해야 한다. 이렇듯 아이들은 수많은 단어와 지식을 배우고 연결하는 과정을 통해 자신의 언어능력을 키워나간다.

또한 아이들에게 학교라는 특별한 집단에서의 의사소통이라는 새로운 기술도 요구된다. 자신의 이야기와 상대방의 이야기를 나누는 소소한 대화뿐만 아니라 교실에서의 토의, 식당, 복도나 운동장 등에서의 대화는 아이들에게 모두 새로운 의사소통 과제다.

결국 초등학교 이후에는 듣기, 읽기, 말하기, 쓰기가 모두 한 번에 이루어지고, 아이가 받아들여야 하는 정보의 양도 많아진다. 따라서 언어능력이 부족한 친구들은 이러한 정보를 제대로 받아들이고 처리하는데 어려움을 겪을 수밖에 없다.

초등학교 입학 후 학습의 많은 부분은 '글'로 된 매체가 기반이 된다. 교과서를 읽어야 하고 내용을 파악해야 한다. 독서의 중요성이 본격화되는 시기도 이때다. 글에 대한 이해력이 부족하면 학습을 따라갈 수 없다. 치료에서 만났던 아이 중 하나는 발음과 표현력이 다소 어눌해 언어치료를 시작했는데, 아이가 읽기 기술을 빨리 터득하면서 다른 아이들보다 이해력이 앞서나갔던 경우도 있다. 읽기 문제가 없으니 학습적인 큰 어려움이 없는 상태가 되었다. 결국 글을 통한 언어적 학습이 많은 부분을 커버했던 것이다. 사실 학습은 말하는 능력이 아니라 읽고 이해하고 문제를 풀어내는 능력이다. 비슷한 맥락에서 말을 잘하는 아이들이라 해도 다른 아이들보다 읽기와 쓰기가 잘 되는 것은 아니다.

학교에 들어간 아이들의 언어능력은 기존의 언어 구조를 다듬는 것과 새로운 언어 구조의 습득이라는 두 가지 과정으로 구분되어 발달한다. 이미 어릴 때부터 해왔던 말하기와 듣기는 기존의 과정에서 조금 더 다양하고 세련되게 변화한다. 읽기와 쓰기는 아이들에게 새롭지만 꼭 필요한 과제가 된다.

문장을 이해하고 쓰는 능력, 언어의 의미를 제대로 파악하는 능력, 어휘력, 자음과 모음에 대한 지식 등 언어능력과 관련된 여러 기술은 읽기 능력에 필수적이다. 무엇보다 말소리를 다루는 능력은 중요하다. 학교에 들어가기 전까지 대부분의 아이들은 말소리를 듣고 우리말의 모든 음소를 인식할 수 있다. '가'라는 소리를 듣고 '아, ㄱ과 ㅏ가 있는 말이구나!' 하고 깨닫게 된다. 소리를 듣고 정확하지는 않지만 비슷한 철자로 된 글자를 쓸 수도 있다. 학교에 입학한 이후에는 이러한 말소리와 관련된 지식을 읽기와 쓰기에 사용할 수 있다.

말소리에 대한 인식은 어린 시절부터 우리가 만들어가는 듣기, 말하기 능력과 관련된다. 우리말이 말소리를 기반으로 한 음성 언어이기 때문이다. 끝말잇기의 경우 한글을 몰라도 할 수 있다. '곰돌이' 했을 때 '이'라는 글자를 몰라도 이로 시작하는 말인 '이빨', '이쑤시개'로 말을 찾을 수 있다. 그래서 한글을 깨우치지 못한 아이도 동요 '리리 릿자로 끝나는 말은~' 하고 부를 수 있는 것이다. 이러한 말소리에 대한 언어능력을 기반으로 우리는 읽기와 쓰기 기술을 익히게 된다. 그럼에도 불구하고 '누구나 말할 수는 있지만 누구나 읽고 쓸 수는 없다'는 점을 잊지 말아야 한다.

아이들이 읽기와 쓰기를 성공적으로 수행해야 하는 이유는 초등학교 입학 이후 급격하게 늘어나는 학습적 정보를 읽기를 통해서 해결해야 하고, 쓰기를 통한 발표나 과제 등을 수행해야 하기 때문이다. 교과서로 읽어야 하는 정보량도 많아지고 그림은 적어진다. 문장이나 단락을 읽고 질문에 대답하기, 맞거나 틀린 내용 찾기, 글의 내용 요약하기 등 과제의 내용도 다양해진다.

소리 내어 읽는 것은 읽기와 함께 어린 시절부터 해왔던 듣기를 통해 언어능력을 확장시켜나가는 것이라는 점에서 중요하다. 하지만 학년이 올라갈수록 소리 내서 읽는 과정은 점차 줄어들고 눈으로 읽게 된다. 수업의 대부분을 문제를 풀면서 눈으로만 읽는 과정, 즉 묵독으로 하는 것이다. 그리고 읽어야 할 분량도 점점 늘어난다.

읽기 능력은 단순히 글자를 읽는 능력이 아니다. "다은이는 사과를 먹었습니다."라고 했다면, 우리는 순간적으로 글 속의 인물인 '다은이'라는 여자아이가 사과를 먹는 모습을 상상한다. 즉 읽기 능력은 글자를 읽으면서 내용을 이해하는 능력이다. 또 글자로 된 정보를 잘 받아들일 수 있는 능력이다.

자신을 표현할 수 있는 자신감은 쓰기 능력에서 비롯된다. 안타깝게도 일기와 독서록이 초등학교 1학년 때부터 과제로 주어진다. 맞춤법은 틀리더라도 내용을 잘 만들어내는 아이들이 있는 반면, 한 줄 써내려가기 어려워하는 아이들도 생긴다. 자료를 만들든 컴퓨터로 작업하든 글씨로 된 무엇인가를 만들어내는 것은 모두 '쓰는 능력'이다.

똑같은 내용이라도 표현하는 능력은 다양하다. 가족들과 함께 동물원에 다녀온 상황을 가지고 어떤 아이들은 생동감 있게 '사자가 입을 벌리고 이빨을 보이며 어흥! 하고 울었다. 원숭이가 바나나를 손으로 까서 먹었다'고 쓰는 반면, '동물원에 갔다. 사자와 원숭이를 보았다. 재미있었다'와 같은 간단한 문장의 나열로 끝나는 경우도 있다. 읽어만 보아도 앞의 아이가 표현력이 더 뛰어나다는 것을 알 수 있다. 그런데 이러한 쓰기 능력은 글짓기 능력과 비슷한 면도 있지만 언어능력으로 보았을 때는 '정확한 표현'을 해야 한다는 측면에서 조금 다르기도 하다.

이렇듯 초등학교 시기에도 연령과 학년에 맞게 언어능력을 키워나갈 필요가 있다. 언어능력은 성인에 이르기까지, 아니 평생에 걸쳐 발달한다. 우리는 새로운 언어를 끊임없이 배워나간다. 초등학교를 입학한 후에도 아이의 언어는 매순간 지속적으로 변화하고 발전한다는 점을 잊지 말고, 늘어나는 정보를 아이가 잘 처리할 수 있도록 도와주는 과정이 필요하다.

이전과는 다른 아이의 언어, '상위 언어능력'

초등학교 아이들의 어휘와 문법, 그리고 글 수준의 이야기를 듣거나 읽으면서 처리하는 능력은 이미 상당 수준에 올라와 있다. 아이들에게 언어를 사용한다는 것 자체가 즐거운 경험이자 자연스러운 과정이 된다. 특히 듣기, 말하기, 쓰기, 읽기가 고르게 발달했기 때문에 큰 어려움이 없는 단계다. 만약 어린 시절부터 문제가 있는데 제대로 해결하지 못했다면 앞으로도 상당 부분 문제가 될 가능성이 있다.

이 시기 아이들의 언어능력은 어린 시절부터 이루어진 듣기, 말하기 경험, 그리고 초등학교 저학년 시기부터 이루어진 충분한 읽기와 쓰기 경험을 바탕으로 발달하게 된다. 학자들이 이 시기의 아이들을 '유능한 화자', '숙련된 독자'라는 표현을 사용해서 지칭한다.

여기에서 상위 언어능력이라는 것은 무엇일까? 이에 대해서 말하기 전에 다양한 언어적 특징을 먼저 알아야 할 필요가 있다. 말이란 사람들 사이에 뜻과 단어가 연결되어 있는 약속 체계다. 단어의 뜻, 말을 이루는 규칙, 소리들을 조합하여 어떻게 단어와 문장을 만드는지에 관한 규칙이 정해져 있다. 우리가 문장을 만들 때 단어들을 다양하게 결합시킨다. 그리고 단어나 문장을 들었을 때 그 뜻을 정확하게 알게 된다. 특히, 우리가 언어를 이해한다는 것은 언어 자체뿐만 아니라 맥락, 화자의 상황, 정보 등을 통해 파악하는 것이다. 우리가 엉뚱한 장난을 친 아이에게 "잘~한다" 하고 말했을 때 정말 잘해서 말하는 것이 아니라 상황상 "잘한다"는 말을 역설적으로 했다는 것을 알 수 있다. 그런데 이와 같은 맥락적 이해가 안 되는 아이들은 자기가 정말 잘해서 칭찬을 들었다고 생각할 수도 있다.

따라서 말하는 사람이 자신이 말하고자 하는 바를 전달할 때 문자 그대로의 의미만 사용하고 이해하는 것으로는 부족하다. 언어가 의사소통을 목적으로 사용되는 만큼, 말하고자 하는 여러 가지 문장을 둘러싼 맥락을 잘 사용해야 한다. 문자 그대로의 의미만으로는 부족할 수밖에 없다. 효과적인 의사소통을 위해서는 언어를 다양한 방법으로 사용할 수 있어야 하고 해석할 수 있어야 한다. 이러한 능력이 상위 언어능력이다. 상위 언어능력의 발달은 어린이집을 다니는 유아기부터 서서히 시작되며 초등학생이 되면 본격적으로 발달되고 안정된다.

상위 언어능력은 언어 자체보다 좀 더 복잡한, 말 그대로 언어 위에 있는 언어능력이다. 즉, 언어의 본질과 기능으로 언어를 이해하거나 표현하는 능력보다 조금 더 상위에 있는 영역이다. 문장의 구조를 만드는 능력, 언어를 다루는 능력, 농담을 이해하는 능력, 문장을 단어로 혹은 단어를 음절로 나누거나 구분할 수 있는 능력, 단어를 문장 안에서 그 뜻을 추측해서 파악할 수 있는 능력이다. 즉 언어 발달의 영역에서 인지적 능력을 함께 필요로 한다고 볼 수 있다. 많은 연구들은 상위 언어능력 발달의 많은 부분이 다양한 언어를 배우는 것, 인지, 읽기 능력, 학교 성적 등과 관련이 있다고 보고 있다.

결국 상위 언어능력은 문장 자체를 읽는 능력을 넘어서 그 안에 들어있는 풍부한 의미를 파악하는 능력을 포함한다. 따라서 이 능력이 제대로 갖추어져 있지 않으면 읽기의 단계가 발전할 수 없다. 아무리 읽어도 이해가 되지 않을뿐더러 큰 의미가 없다. 또한, 여러 가지 대화나 상황, 글의 맥락상 이해도 쉽지 않을 것을 예상할 수 있다.

상위 언어능력 발달을 위해서는 첫째, 언어가 사회적인 약속 또는 규칙 체계라는 것을 알고 있어야 한다. 언어가 사회적인 약속이라는 것은 '사과'라는 단어를 거꾸로 '과사'라고 읽지 않고, 언제나 '사과'라고 말해야 함을 인식하는 능력이다. 쉽게 말해서 "이것의 이름은 사과라고 하자"와 같은 사회적 약속이 기본이 되어야 한다. 우리가 사용하는 언어가 나만이 아니라 사회의 구성원들이 함께 쓰는 언어이기 때문이다.

동일한 단어나 문장이라 하더라도 한 개 이상의 의미로, 그리고 동일한 의미가 서로 상이한 구조 형식으로 사용될 수 있다는 것을 인식하는 능력이기도 하다. 예를 들면, '돼지'라는 단어는 네발이 달리고 분홍색이고 꿀꿀 소리를 내는 동물을 의미하지만, 몸집이 뚱뚱한 사람을 일컫는 말이라는 것 또한 인식할 줄 아는 능력이다.

둘째, 상위 언어능력이 발달하면 언어라는 작은 단위들이 결합하여 더 큰 체계를 이룬다는 것을 알게 된다. 아이들은 학교 입학하기 전까지 문장을 구나 단어로 나누고 또 단어를 음소로 나누는데 어려움을 가진다. 하지만 초등학교 입학 이후가 되면 문장에 대한 구분과 문법에 대한 이해도 가능해진다. 문장을 단어로 나누거나 단어를 음절이나 음소로 나누는 것을 알게 된다. 문장을 어절 단위로 끊거나 합칠 수 있다. 그래서 국어 문법적인 기본 과제들도 해결할 수 있게 된다. 이렇듯 의미 단위들을 정확하게 알고 있으면, 읽기나 쓰기뿐만 아니라 천천히 말하기나 발음 등에도 도움이 된다. 발음이 좋지 않은 초등학교 아이들의 경우에 의도적으로 문장을 말할 때 단위별로 끊어서 말하라고 하면 좀 더 정확하게 들리는 것을 확인할 수 있다.

셋째, 언어의 사용 목적을 잘 알아야 한다. 언어라는 것이 자신의 목적을 이루기 위한 수단이라는 것을 알고, 언어를 사용해야 원하는 것을 얻을 수 있다는 인식을 하게 되는 것이 중요하다. 발화가 잘 되지 않는 아이들에게 '말을 하면 내가 원하는 무언가를 얻을 수 있다'와 같은 의식을 하게 하는 것은 발화를 촉진하는 가장 좋은 힘이 된다. 또한, 발화의 목적은 의사소통이기 때문에 질문에 정확한 대답을 하는 것이 필요하다. "오늘 무엇을 먹을까?"라는 질문에 "공원에 가요" 하고 동문서답하는 것은 적절하다고 보기 어렵다. 따라서 언어가 늦거나 대화가 어려운 아이들의 경우, 이러한 부분에서 상위 언어능력의 발달을 기대하기 쉽지 않다.

넷째로 문법과 관련한 지식이 필요하다. 문장이 문법적으로 문제가 없는지를 파악하는 것, 그리고 틀린 문장을 바르게 고칠 수 있는 능력이다. 우리말과 영어는 문법이 다르다. 우리말은 주어가 앞에 서술어가 뒤에 나오는 구조이고 동사의 변화(나는 밥을 먹었다, 우리들은 밥을 먹었다와 같이 '먹었다'는 동일한 형태)가 많지 않다. 하지만 영어는 주어가 먼저오고 서술어는 그 다음에 나오는 구조이고, 복수형일 때 주어가 1인칭인지 3인칭인지에 따라 동사의 형태가 달라진다(I am a boy, We are boys). 이러한 문법적 특징을 알아야 정확한 문장을 쓸 수 있다.

상위 언어능력은 언어를 이해하는 능력이기 때문에 언어에 대한 지식이 정확하게 생긴 이후가 되어서야 살펴볼 수 있다. 분명한 것은 상위 언어능력이 있어야 언어에 대한 충분한 이해가 가능하기 때문에 언어능력의 발전을 위한 기본 토대가 된다. 초등학교 입학 이전부터 서서히 발달하게 되는 상위 언어능력은 초등 저학년 시기가 되면 많은 부분에서 큰 발전을 이루게 된다. 이러한 특성 때문에 상위 언어능력이 제대로 발달하지 않으면 이후 언어능력 발전에도 탄력을 받을 수 없으리라는 것을 짐작할 수 있다.

읽기와 쓰기도 '환경'이 좌우한다

듣기와 말하기에 있어 환경의 중요성은 아무리 강조해도 지나치지 않다. 기존의 많은 연구와 육아서에서 언어 자극의 부족이 아이의 말에 어떠한 영향을 미치는지 수없이 강조했다. 그래서 초등학교에 입학하기 전 영유아기 자녀를 키우는 부모들은 아이의 언어능력을 키우기 위한 수없이 많은 과제들에 도전하게 된다. 끊임없이 말을 걸고 대화하며 책을 읽어준다. 아이의 발음에 긴장하고 소통하는 태도나 역량이 부족하지 않은지 끊임없이 확인한다.

그런데 초등학교 입학한 이후, 지금부터가 언어능력에서 더욱 중요한 시기일 수도 있다. 초등학교 저학년 아이들은 그 이전에 습득한 언어들을 바탕으로 다양한 언어 기술들을 배우고 다른 형태의 문장을 사용하며 이전보다 좀 더 복잡한 어휘를 사용하게 된다. 문법이라는 이름으로 불리는 언어의 소리와 구조를 깨닫게 되고 복잡한 대화와 발표 상황에 놓인다. 문장의 사용이 복잡해지면서 문장 길이도 늘어난다. 어휘적인 발달도 많아져서 비유를 이해하고 사용하는 능력이 발달한다. 문자 그대로 문장을 이해하는 것이 아니라 은유, 관용어, 농담, 속담과 같은 표현을 쓸 수 있게 된다. 이미 알고 있는 어휘에 대한 이해의 폭이 넓어지고 단어를 비교하거나 대조할 수 있으며, 단어를 합성하거나 분해할 수 있고 한 단어가 가진 여러 가지 의미를 이해하게 된다.

또래들과 이야기할 때 서로 질문하고 이야기를 나누는 형태의 복잡성은 물론 대화의 화제도 훨씬 다양하다. 그래서 이 시기의 아이들에게 '세련된 의사 소통자'라는 표현을 쓴다. 또한 읽기, 쓰기 등 새로운 방식으로 언어를 사용하는 방법을 배우게 된다. 영유아 아이들이 수수께끼와 농담을 잘 이해하지 못하는데 비해 초등학교 아이들은 훨씬 잘 이해하고 활용한다. 만약 초등학교 입학 이후의 아이들이 그를 이해하는 능력이 부족하다면, 사회적 의사소통에서도 어려움을 겪게 된다. 말이 늦은 아이나 언어 발달이 늦은 아이들이 가장 마지막까지 어려움을 겪는 부분이 사람들과의 대화 영역, 그리고 사회적 의사소통과 관련된 언어능력이다.

이러한 언어능력은 친구들과는 물론 부모와의 충분한 의사소통을 통해서 말의 뉘앙스를 배워 익히는 것이다. 아이들이 학교 일에 대해서 제대로 이야기하지 않고 얼버무린다면, 아직 이야기 전달하는 방법을 충분히 연습하지 않았을 가능성이 높다. 글의 '행간의 의미'를 제대로 이해하지 못한다면 아이의 수준을 정확히 보고 더 쉽고 재미있는 글을 고르는 것이 필요한데 이 역할도 부모만이 할 수 있다. 아이들이 글쓰기에 자신감을 가지려면 부모들과 함께 이야기를 충분히 나누면서 자신의 생각을 정리하는 법부터 배워야 한다. '말은 잘했던 우리 아이가 학교에 갔더니 왜 이렇게 부족할까'만 고민하는 것이 아니라 '어떤 것을 채워 넣어주어야 하는지' 판단하는 것이 바로 부모의 역할이다.

많은 부모들이 아이가 학교에 입학하는 순간 그 이전의 말에 대한 고민들은 모두 잊고 '이제 말은 충분히 잘하니까'라며 이후의 학습적인 수행은 언어능력과는 전혀 관계없는 것으로 생각한다. 하지만 언어능력이 학습과 또래 소통에 영향을 미치게 되기 때문에 이에 대한 관심을 소홀히 해서는 안 된다. 친구들의 대화가 어려우면 학교생활뿐만 아니라 친구들과 노는 것이 즐거울 리 없기 때문이다. 글을 읽고 이해하는 것이 힘든 친구들이 학습적인 내용의 글을 쉽게 받아들이기는 어렵다. 그렇다고 해서 전집으로 책장을 채우고 종이로 서랍을 가득 채우라는 뜻은 아니다. 초등학교에 입학하고 나서도 아이의 언어 환경에 대한 관심을 지속적으로 가져야 한다는 것이다.

특히 초등학교 저학년은 언어 환경을 아이의 언어능력 발달을 위해 가장 최적화된 시기다. 텔레비전이나 컴퓨터, 스마트폰과 같이 일방적으로 정보를 전달하는 매체에 아이가 지나치게 노출되어 있지는 않은지 체크해보는 것이 중요하다. 영유아 시기와 마찬가지로 초등학교 아이들의 언어능력을 키우는 가장 좋은 방법은 소통과 대화다. 그런데 이러한 미디어들은 아이들에게 지나치게 쉽고 자극적이다. 미디어는 정보를 기억하고 조직하는데 특별한 노력 없이도 충분히 우리에게 제공될 수 있다. 이런 방법에 길들여진 아이들은 결코 어려운 방법으로 돌아오려고 하지 않는다. 아이가 책을 읽고 글을 쓰도록 하기 위해서는 그것을 즐기는 환경을 만들어주는 것이 필요한데, 처음부터 스스로 찾아 독서하는 것을 좋아하는 아이는 극히 일부에 불과하다. 따라서 좀 더 세심한 부모의 관심과 지원이 필요하다.

부모의 관심과 환경이 중요한 이유는 또 있다. 초등학교 입학 후 아이의 언어능력에 문제점을 발견하는 대부분의 사람이 부모다. 아이가 사용하는 언어를 보면서 '뭔가 이상한데', '뭔가 부족한데'라고 생각하게 되는 것이다. 때때로 초등학교 선생님들이 아이들의 언어적 문제를 발견하기도 하지만 결국 문제 해결을 위해 환경을 만들고 적극적으로 개입하게 되는 사람 역시 부모다.

읽기를 처음 훈련시킬 때 짧고 재미있는 글을 가능한 다양한 방법으로 읽을 수 있도록 하면 좋다. 그래서 부모가 먼저 읽는 태도를 보여주는 것이 필요하다. 엄마 아빠는 스마트폰이나 컴퓨터를 들여다보고 있으면서 아이에게 책을 읽으라고 하는 건 단번에 "엄마 아빠도 컴퓨터만 하면서…”라는 불만을 불러일으키기 마련이다.

특히 이 시기에 부모와 함께 소리 내서 읽는 과정은 말과 글을 일치시키는 경험을 한다는 점에서 의미가 있다. 부모가 읽어주기, 아이가 읽어주기, 서로 돌려가며 읽어주기, 천천히 읽기, 빠르게 읽기, 큰 소리로 읽기, 작은 소리로 읽기와 같은 다양한 읽기 활동도 부모와 함께 하면 좋다. 따라서 아이의 읽기 수준이 어느 정도인지 파악하고 잘 읽을 수 있도록 옆에서 촉진할 수 있는 것도 부모다.

어린이들이 직접 보고 듣고 겪은 일을 솔직하고 자세하게 쓰도록 유도하는 것이 필요한데 이러한 경험을 가장 잘 아는 사람이 역시 부모다. 함께 일상을 보내는 시간이 길고 여행이나 문화생활 등 같이 할 수 있는 것이 많기 때문이다. 부모와 함께 하는 경험을 아이와 나눠보면서 아이가 말할 수 있는 기회와 상황을 다양하게 주고, 그것을 써보게 함으로써 아이의 쓰기 능력을 높일 수 있다.

초등학교 아이들의 언어능력 향상은 모든 교과와 학교, 가정생활 전체를 통해서 이루어진다고 해도 과언이 아니다. 각 교과 지도와 생활 지도 모두가 언어를 기본적인 도구로 사용하고 있기 때문이다. 초등학교 저학년 시기는 이러한 말과 글의 기본이 완성되는 시기이기 때문에 언어능력에 있어 절대 놓치면 안 된다. 언어능력의 기본이 완성된다는 것은 자기가 하고 싶은 말, 또는 자기가 생활 속에서 해야 될 말과 같은 언어 사용 기능을 정확하게 익히게 된다는 것이다. 또한, 이러한 언어능력은 개인의 성격과 정서, 그리고 나아가 가치관까지 영향을 끼치게 된다. 특히 이 시기 언어능력은 친구 관계나 대인관계와도 관련된다. 즉 아이만의 언어능력이 아니라 아이를 둘러싼 사회와 공간으로 확장된다는 것이다. 무엇보다 이 시기가 중요한 이유는 이 시기를 어떻게 잘 보내느냐에 따라 언어능력은 물론 앞으로의 학습도 예측할 수 있기 때문이다. 특히 초등 저학년 시기는 다른 능력의 발달보다도 듣기, 말하기, 쓰기, 읽기의 언어 영역의 발달을 빠짐없이 잘 챙겨서 좀 더 유심히 살펴보는 것이 장기적인 관점에서 더욱 유리하다.

초등학교 저학년의 많은 아이들은 부모의 관심을 필요로 한다. 아직은 부모가 해주는 칭찬이나 관심이 좋은 아이들이기 때문에 엄마나 아빠가 이것저것 가르칠 수도 있다. 국어나 수학 같은 공부도 봐줄 수 있고 같이 책을 읽거나 대화를 나누는 것도 스스럼이 없다. 부모들의 관심이나 요구에 아직은 개방적이고 수용적이다. 그리고 부모의 도움에 대한 거부감도 덜하다. 아직은 부모의 도움을 관심이라고 생각하는 아이들도 많다.

초등학교 입학 이후 부모들의 아이의 언어능력을 키우기 한 노력을 끝내서는 안 된다. 오히려 이전보다 더욱 세심하고 구체적인 노력이 필요하다. 아이들을 둘러싼 환경이나 분위기 또한 매우 중요하다. 그리고 부모가 초등아이 언어능력 특히 읽기와 쓰기에 관한 다양한 방법을 알고 있으면 아이들에게 이 과제를 좀 더 재미있게 부여할 수 있다. 저학년 시기의 아이들의 언어능력에 부모의 역할은 아직도 크고 다양한 범위를 가지고 있다는 점을 잊어서는 안 된다.

• 4장 •

고학년, 언어능력에 날개를 달아라

사고력이 커지는 고학년, 언어가 답이다

언어치료를 하고 있는 초등학교 고학년 아이들에게 받아쓰기를 가끔 시켜본다. 아이들의 언어능력이 제대로 가고 있는지 가장 쉽게 볼 수 있는 방법 중 하나이기 때문이다. 언어 발달이 다소 늦은 초등학교 5학년 아이에게 '오빠는 한강변에서 통기타를 멋지게 연주했다'와 '이 기차의 종착역은 작은 시골마을이었다'를 쓰게 했다. 그런데 아이는 '통기타'와 '종착역'을 받아쓰지 못했다. 받아쓰기가 끝난 후 왜 이 단어를 못 썼는지 물었더니 통기타와 종착역이 무슨 말인지 몰랐다. 무슨 말인지 듣기는 들었지만 단어를 모르다보니 막상 귀에 들어오지 않았고 쓸 수도 없었던 것이다.

초등학교 고학년 아이들의 언어능력을 가장 잘 확인해볼 수 있는 것은 바로 읽기와 쓰기 과제다. 그림책보다 이제는 글이 많은 책을 읽게 되는 고학년이기 때문에 생소한 정보가 담긴 읽기 과제를 주고 문제를 풀어보게 하거나 선생님이 문제를 내고 말로 답하게 한다. 그런데 언어능력이 부족한 친구들은 금방 문제를 읽고서도 제대로 답을 내지 못한다. 문장을 주고 적당한 말을 괄호 안에 채워 넣게끔 하면 언어능력이 부족한 아이들은 적절한 단어를 써놓지 못한다. 그러면서 아이들은 무슨 말인지 모르겠다는 변명 아닌 변명을 하게 된다.

말은 잘하는 초등학교 고학년 아이들이 왜 결코 어려워 보이지 않는 이러한 과제들 앞에서 어려움을 호소하게 될까? 저학년과 고학년의 가장 큰 차이는 늘어난 교과서의 숫자만큼이나 다양하고 많아진 학습의 양이 가장 잘 보여준다. 국어, 수학, 통합 3과목이면 되었던 교과목도 국어, 사회, 과학, 수학 등 다양한 과목으로 늘어난다. 과목만 늘어난 것이 아니라 내용도 어려워졌다. 가끔 아이들이 푸는 문제집을 들여다보면 공부의 양도 이전 수준을 벗어나 상당히 늘었음을 알 수 있다.

앞으로 교과서나 교육 개정이 어떻게 개편될지 모르지만 현재의 교과서 체계로는 크게 1~2학년군, 3~4학년군, 5~6학년군으로 구분되어 있다. 학년군(5~6학년)의 초반(5학년)이 기초, 학년군의 후반(6학년)이 심화과정이다. 학년군을 건너뛸 때마다(3~4학년, 5~6학년) 학습과 어휘의 폭도 상당히 차이가 많이 나게 된다. 그래서 아이들이 학교에 입학한 후 3, 5학년을 어떻게 보내느냐가 다음 학년까지 영향을 미친다.

초등학교 고학년 아이들이 문제를 풀거나 책을 읽는 과정에서 가장 많이 하는 이야기 중 하나가 '무슨 말인지 모르겠다', '문제가 이해가 안된다'는 것이다. 단어나 문장을 읽었을 때 무슨 말인지, 어떤 뜻인지 정확하게 파악하기를 어려워하는 것이다.

초등학교 고학년은 저학년 때와는 달리 언어능력이 심화, 발달하는 시기다. 초등학교 저학년이 언어능력의 기본을 잘 다져야 하는 시기라면 고학년은 그러한 언어능력에 날개를 다는 시기다. 이전 언어능력의 기본이 잘 완성되어 있는 친구들이라면 언어능력은 급속한 성장기를 겪게 될 것이다. 중학교 입학을 앞둔 초등학교 6학년 무렵이 되면 어른들이 보는 뉴스나 신문, 그림이 없는 책들도 잘 이해할 수 있게 될 정도로 언어능력이 급속하게 성장한다. 만약 우리 아이가 그 정도로 언어능력이 성장하지 못했다면 어떻게 될까? 이후 중고등학교에서 해내야 할 많은 것들을 제대로 이해하고 학습할 수 있을까?

초등학교 고학년이 되어서 언어능력의 부족함이 생기게 되면 언어에서뿐만 아니라 학습과 관련해서도 본격적인 어려움이 발생한다. 결국 단순히 언어의 문제가 말의 문제가 아니라 사고력, 그리고 학습과 관련되는 다양한 영역으로 확장되는 시기가 초등학교 고학년이다. 언어가 소통의 수단에서 나아가 생각과 인지, 사고력의 문제로 넓혀지는 시기이기 때문이다. 영유아기나 초등 저학년처럼 조작이나 실험을 통해서 사고력을 확장하기보다는 언어 수행과 언어 활동으로 하게 되는 빈도가 훨씬 늘어난다. 이시기의 아이들에게 언어로 이해되고 생각하고 설명되지 않는 지식은 더 이상 학습할 수 없게 된다.

초등학교 고학년의 아이들은 특히 사회와 과학에서 언어적 어려움을 호소한다. 한자어로 된 용어들이 이해가 잘 되지 않는다는 것이다. 또 국어책을 읽었는데 무슨 말인지 도통 모르겠다고 한다. 문장도 길어졌고 내용도 어려워졌기 때문이다. 수학 역시 계산은 둘째치고 문제 자체가 이해되지 않는다고 한다. 분명히 말로 써놓은 문제들이 이해되지 않는 것은 언어능력의 부족이다. 그래서 시험을 볼 때 주관식이나 서술형 문제에서 어려움을 느끼게 된다. 내용을 이해하고 본문에서 답을 찾아 써야 하고 논리적으로 내용에 대한 서술도 해야 하는데 아이의 언어능력이 그에 미치지 못한다면 학습을 제대로 따라갈 수 없다. 언어능력을 갖추지 못하면 학교 수업을 따라가는 것도 어려워지고 듣기, 말하기 능력이 제대로 갖추어져 있지 않으면 수업마다 많아진 수행 평가나 토론 수업을 제대로 따라가기 힘들다.

학습적 어려움을 호소하는 아이들이 혹시 언어능력에서 어려움을 겪고 있지는 않은지 살펴볼 필요가 있다. 예를 들어 수학이라면 연산이 안돼서 틀리는 건지, 계산 속도가 정해진 시간 내에 따라가지 못하는 건지, 아니면 문제가 이해가 안되는 건지 잘 살펴보고 그에 맞추어 도움을 줄 수 있다. 언어능력과 관련해서 문제가 무슨 말인지 정확하게 모르겠거나 혹시 문제를 읽을 때 철자나 단어 읽기에 문제가 있는 것은 아닌지에 대한 면밀한 검토가 필요하다. 아이에 대한 정확한 진단 없이는 좋은 해결방안도 나올 수 없기 때문이다.

다행스럽게도 초등학교는 언어능력의 많은 부분을 채울 수 있는 기회가 있다. 부족한 부분이 초등학교 고학년 시기에라도 발견된다면 오히려 다행일 수 있다. 뇌의 처리 속도가 빨라지기 시작하는 초등 고학년 아이들은 더 많은 정보와 언어적 지식들을 잘 받아들인다. 그만큼 듣기, 말하기, 읽기, 쓰기의 언어적 과제가 한 가지가 아니라 여러 가지가 동시에 주어졌을 때도 스스로 문제를 해결할 수 있어야 한다. 좀 더 복잡해지고 다양해지는 과제 앞에서 아이가 가진 언어능력은 끊임없이 확인받고 테스트받게 된다. 그러한 과정들을 부모가 무심하게 넘기는 것이 아니라 관심을 가지고 함께 해결해나간다면 초등학교 고학년이더라도 아이의 언어능력은 달라질 수 있다.

초등 고학년이 되었을 때 언어능력은 가장 기본적인 능력이면서 이후 시기의 학습적인 문제를 해결할 수 있는 열쇠가 된다. 아이의 능력이 날개를 달고 날아갈 수 있으려면 언어능력이야말로 기본 중의 기본이다. 따라서 언어능력이 제대로 갖추어져 있지 않다면 아이는 자신의 역량을 제대로 발휘할 수 있는 기회를 놓칠지도 모른다. 이것이 부모가 초등학생들의 언어능력에 많은 관심을 가져야 하는 이유다.

언어를 담당하는 뇌의 기능이 달라진다

우리의 뇌의 하드웨어는 이미 태어날 때부터 완성되어 있다. 그리고 문제를 인식하고 적용하고 해결하는 다양한 일을 하는 뇌세포들로 가득 차 있다. 이러한 뇌세포들은 경험을 통해서 새롭게 구성되고 활성화된다. 뇌세포는 시냅스로 이어져 거대하고 복잡한 신경망을 이루게 되는데, 시냅스의 발달 정도에 따라 정보의 이동 속도나 양이 달라진다. 그리고 잘 사용하지 않는 기능들은 기능 자체가 떨어지거나 다른 기능으로 전환되기도 한다. 시각장애인이 청각 능력이 발달하거나 청각장애인의 시각 능력이 발달하는 것과 같이 부족한 부분을 채우기 위한 다른 감각들이 발달하는 것도 이러한 뇌기능과 관련이 있다.

인간의 두뇌는 시기에 따라 발달하는 부위도 다르고 발달 정도도 다르다. 만 4~6세까지는 주로 전두엽이 발달하고 두정엽과 측두엽이 점차적으로 발달하게 된다. 그 과정에서 서로의 부위들이 영향을 주고받으며 성장한다. 그리고 사춘기가 되면 뇌기능들은 호르몬의 변화로 인해서 상당히 불안한 과정을 거치게 된다.

아이들의 두뇌는 어른들보다 미숙해보이면서도 어떤 면에서는 발달되어 있다. 특히 기억력이나 어떤 부분의 인지처리 능력을 발휘할 때는 어른들보다 더 잘한다고 느낄 때도 있다. 따라서 이 시기 아이들의 뇌가 가진 발전의 속도와 용량의 문제를 한 번 짚어볼 필요가 있다.

많은 학자들은 사람들의 언어능력과 관련된 설명을 할 때 처리의 문제에서 '작업 기억(Working Memory)의 기능에 주목한다. 뇌의 발달이나 기억력, 언어능력 등의 모든 것을 단순한 인지적 기능이나 언어 발달만으로 설명하기에는 부족함이 있기 때문이다.

언어와 인지, 모두 영향을 주면서 기억과 처리의 문제를 담당하는 영역이 바로 작업 기억이다. 언어적 작업 기억은 말하기, 듣기와 관련된 청각적 정보를 기초로 하고 있다. 뿐만 아니라 글과 같은 시각적 정보들도 언어적인 영역이 담당하여 처리한다. 숫자를 외우거나 문장을 따라 말하는 것과 같은 다양한 활동들, 학습이나 언어 활동에 있어서 기억과 관련된 내용들을 처리하게 된다.

학자들이 언어 발달의 기본 능력으로서의 작업 기억에 주목한 것이 아주 오래된 일은 아니다. 일반적으로 언어가 늦거나 발달이 더딘 아동이 일반 아동에 비해 작업 기억 수행력이 낮게 나타나는 경향이 있어서 작업 기억이 언어능력을 예측할 수 있는 척도가 되기도 한다. 더 나아가 작업 기억은 읽기, 쓰기와 같은 학습과 관련된 인지 능력과도 높은 상관관계가 있다. 또한 학교에서 전반적인 학업 성취를 좀 더 잘 예측할 수 있는 기반이 된다.

특히. 우리가 주목해야 할 것은 '만 9세'라는 나이이다. 작업 기억을 연구해온 학자들에 따르면, 만 9세는 작업 기억에서 매우 의미 있는 시기라고 했다. 연구에 따르면 이 시기는 작업 기억의 용량이 최대화되는 시기이며, 그 이후로는 처리 속도가 빨라지기 때문에 이전보다 많은 정보를 처리할 수 있다는 것이다. 따라서 우리가 지금 주목하고 있는 초등학교 고학년으로 진입하는 시기(3학년~4학년)는 작업 기억이 담당하는 기억과 처리 기능이 최대화되는 시기로 보아야 한다. 또한, 이는 우리가 주목해야 할 아이들의 언어능력 발달과도 연관된다.

만약 뇌의 처리 용량이나 처리 속도 등이 언어 발달에 따르지 못한다면 언어 처리의 과정이 원활하지 못할 것이다. 특히, 이 시기에 급격히 늘어나는 어휘들을 담아내기 위한 뇌용량이 이에 미치지 못하면 제대로 아이의 머릿속에 많은 말들을 채워 넣을 수 없게 된다. 그런데 초등학교 시기에 뇌용량도 커지고 처리 속도도 빨라진다니, 언어능력을 최대로 키울 수 있는 적기인 셈이다.

언어능력을 이야기하는데 뇌의 이야기를 하는 것은 뇌용량과 아울러 뇌세포의 연결 고리인 '시냅스' 때문이다. 언어능력뿐만 아니라 아이의 인지, 학습능력과 관련해 가장 좋은 방법은 충분하고 다양한 언어 자극이다. 그리고 그 시기에 맞는 언어 발달이 잘 이루어지고 있는지 확인하는 것이 꼭 필요하다.

또한, 말이나 글에 집중하는 능력이 없이는 초등학교 이후의 언어능력의 성장은 불가능하다. 말이나 글의 길이도 길어지고 내용도 복잡해지기 때문에 말과 글에 집중하고 그것을 해석하고 처리하는 능력이 꼭 필요하다. 집중력과 원활한 언어 처리 능력 없이는 의사소통을 넘어서서 어휘력이 부족하거나 문장력의 이해 또한 어려워진다.

우리가 잊지 말아야 할 것은 정보의 처리 용량이 최대로 커지는 초등학교 때야말로 아이의 언어능력과 언어 정보의 처리가 좋아질 수 있는 최적의 시기라는 것이다. 초등학교 시기까지는 아이의 언어 발달을 위해 시도할 수 있는 것들도 많고 변화와 발전의 속도도 그 이후의 시기보다 빠르다. 뇌의 기능이 달라지기 때문이다.

이 시기, 집에서 간단하게 적용할 수 있는 언어적인 작업 기억 훈련은 숫자 외우기나 문장 따라 말하기, 숫자 거꾸로 따라 말하기 등이다. 전화번호는 앞의 이동번호 010을 빼면 8자리인데 이 숫자 외우기를 처음 시도하는 초등학교 저학년이 한 번에 해내기란 쉽지 않다. 하지만 여러 번 반복하다 보면 숫자 외우는 자리수가 점점 늘어나게 된다. 비슷한 과제로 문장 따라 말하기도 있다. 문장을 지어내는 것이 쉽지 않다면 책이나 신문 기사 같은 것에서 아이의 수준에 맞는 적당한 문장을 골라내면 된다. 문장 따라 말하기 훈련에서 중요한 것 중 하나는 이것이 기억 과제이기 때문에 조사까지 완벽하게 따라해야 한다는 것이다. 하지만 이 역시 아이가 반복하다보면 한 어절 한 어절씩 좀 더 복잡한 문장 구조까지 잘 따라하는 모습을 볼 수 있다. 숫자를 거꾸로 말하게 하는 것은 더욱 쉽지 않다. 숫자 따라 말하기 과제는 1234를 4321로 기억해서 말하는 것이다. 왜냐하면 숫자 거꾸로 따라 말하기는 좀 더 복잡한 작업 기억의 과정이 있어야 한다. 먼저 주어진 숫자를 기억하고 그 숫자를 다시 뒤집는 두 번의 과정이 필요하기 때문이다.

기억 과정의 중요성을 잘 아는 학자들은 작업 기억을 언어능력을 받치는 기둥이라고 표현하기도 한다. 그러므로 언어 기능을 담당하는 뇌용량이 최대화되고 처리 속도가 빨라지기 시작하는 초등학교 시기를 놓치지 않아야 아이의 평생 언어력을 좀 더 잘 키울 수 있는 것이다.

'여전히' 대화가 아이의 언어능력을 키운다

"있잖아, 우리가 해야 할 것이 우리 지역 문화재를 찾고 그에 대한 홍보물을 만드는 거잖아."

"응."

"그럼, 우리 동네에 문화재가 뭐 있는지 일단 좀 찾아보자."

"그럼 너랑 너는 우리 동네 문화재 검색해봐. 지도도 좀 찾아보고…… 위치는 어디야? 나중에 피피티는 누가 만들거니?"

큰 아이가 초등학교 5학년 때, 아이들이 집에서 모둠 숙제를 하기 위해 모인 적이 있었다. 남자 아이 셋, 여자 아이 셋. 이렇게 여섯 명이 방 안에 모여서 처음에는 와글와글 시끄러웠다. 잠시 뒤부터 잡담이 사라지고 나서는 아이들이 조용해졌다. 그때 한 여자아이의 목소리가 커지면서 아이들에게 모둠 활동의 업무를 나누기 시작했다. 그리고 무언가를 서로 이야기하고 소곤거리는 소리가 나고 무언가를 결정하는 것 같았다. 잠시 간식을 주러 방에 들어갔더니 몇 아이들은 모둠 활동에 관심 없이 자기네들끼리 떠들면서 건성으로 대답하고 있었고, 컴퓨터를 둘러싸고 과제에 집중하는 부류로 나뉘어져 있었다. 누가 봐도 리더 역할을 하는 아이는 컴퓨터 옆에 앉아서 심각한 표정으로 무언가 발표할 큰 그림을 그리는 듯 진지하기까지 했다.

초등학교 고학년이 되면 정말 많아지는 것 중 하나가 모둠별 수업이다. 그 모둠을 중심으로 모둠별 과제나 숙제를 해야 하고, 그것을 중심으로 발표하는 과제가 한 학기에 한 번 이상은 꼭 있는 듯하다. 그런데 그 모둠 안에서도 다른 사람들의 말을 잘 듣고 또 다른 사람들의 의견을 받아들여 조율하는 역할을 하는 친구가 꼭 있다. 다른 친구들은 그 아이와 한 모둠이 되는 것을 모두들 좋아한다. 그 아이의 장점은 무엇일까? 모둠을 끌고 가는 리더십은 어디에서 나오는 것일까?

바로 아이가 가진 소통능력, 즉 언어능력이다. 일반적으로 언어능력이 좋은 아이들이 소통과 공감 능력도 잘 갖추고 있는 경우가 많다. 그리고 언어능력이 좋다보니 언어적으로 이루어진 학습적 지시, 즉 과제에 대한 이해를 바탕으로 내용을 정리하는 능력과 분석하고 분류하는 능력도 잘 갖추고 있다. 공감 능력이 뛰어나다 보니 때때로 구성원의 능력과 소질을 파악해서 과제를 구분해 나눠주기도 한다. 아이들을 키우는 부모 입장에서는 참 부러운 일이다.

학교 입학 전 아이들은 주로 '노는 상황'에서 말 잘하는 아이들이 리더십을 발휘한다. 초등학교 고학년부터 본격적으로 많아지는 그룹 수업에서 대부분 언어능력이 좋은 아이들을 중심으로 만들어진다. 아이들도 언어능력이 좋고 소통능력이 좋은 아이들과 함께 무언가를 한다는 것이 얼마나 수월한 일인지를 너무도 잘 알고 있다.

언어능력을 만드는 가장 큰 힘은 대화와 소통이다. 다양한 기회에서 다양한 방법으로 이루어지는 대화와 소통은 아이들의 언어능력을 키우는 가장 큰 원동력이 된다. 고학년이 되어서도 그 원칙은 변하지 않는다.

요즘 아이들의 많은 수가 상대방의 말을 잘 듣지 않는다. 친구들끼리의 오해가 잘 생기는 이유 중에 하나도 상대방의 의사나 감정에 크게 귀 기울이지 않기 때문에 발생한다. 자신의 이야기를 하는데 급급한 경우가 많다. 그러다보니 기본적인 의사소통에는 크게 무리가 없으나 토론이나 학교에서 이루어지는 주제별 모둠 수업에서는 좀처럼 진도가 나가지 않는 경우가 많다.

대화와 소통의 시도가 제대로 이루어지기 위해서는 우선 상대방의 말을 잘 들어야 한다. 상대방의 의도가 무엇인지, 어떤 이야기를 전달하려고 하는 것인지 정확한 의도가 파악되어야 한다. 그래야 그 의도에 맞는 대답을 정확하게 할 수 있다. 그래야만 이야기의 주제가 유지되고 좀 더 깊은 이야기를 나눌 수 있다. 그래서 말하기 능력보다 더 중요한 것은 듣기 능력이다. 잘 듣는 친구들이 잘 말할 수 있다.

요즘은 아이들의 사춘기도 참 빨라졌다. 그래서 아이들이 초등학교 고학년만 되어도 부모와 대화하기를 꺼리기도 하고 부모가 하는 이야기를 간섭처럼 여기기도 한다. 대화하기 힘들다, 무조건 반항한다며 아이들 때문에 고민인 부모들을 심심치 않게 만나게 된다.

그러다보니 고학년 아이들의 학습능력을 키우기 위해서 다른 방법을 찾는 경우를 종종 보게 된다. 아이와 싸우기 싫고 신경전을 하기도 싫으니 부모들은 다른 수단을 찾을 수 밖에 없다. 그래서 많은 아이들이 초등 고학년이 되면 학원에서 부모가 아닌 다른 선생님들로부터 학습적인 도움을 받게 된다.

부모는 논술이나 어학원 등의 '독서'와 '토론'이라는 이름으로 수많은 언어적 지식을 얻게 하기 위해 노력한다. 그래서 아이들은 단어도 외우고 문장도 해석하며 책도 숙제를 위해서 혹은 반강제적으로 읽는다. 하지만 이런 경우 아이들의 언어능력이 성장하는 느낌을 받기는 쉽지 않다. '우리 아이는 책을 싫어하니까', '우리 아이는 여기까지인가 봐'라고 생각하게 된다.

결국 아이들의 제대로 된 소통능력과 언어능력을 위해서는 대화만큼 좋은 수단이 없다. 부모와 많은 이야기를 함께 하고 친구들과 여러 이야기들을 나누어본 친구들의 언어능력은 다른 또래들보다 뛰어나다. 언어능력은 결코 '말만 잘하는 능력'이 아니라 상대방의 소통과 공감을 모두 잘 이끌어낼 수 있는 능력이다. 또 자신의 경험이나 생각을 정확하게 나눌 수 있어야 한다.

초등학교 고학년에도 언어능력은 매우 중요하다. 학교생활이나 친구 관계 같은 일상에 관련된 단순한 대화보다는 매개체가 있는 대화가 좀 더 효과적일 수 있다. 사실 아이들과 나누는 일상 속 대화의 끝은 "공부해라"로 끝나기 쉽다. 아이와 함께 본 영화, 같이 읽은 기사나 뉴스, 요즘 읽고 있는 책, 때로는 고학년들에게는 시사적인 이슈들이 아이의 흥미를 끌 수 있다. 놓치지 않아야 할 것은 말하기뿐만 아니라 상대방의 말을 잘 듣고 집중하게 하는 능력이라는 것이다.

부모와 대화를 많이 해보고 감정적 교류를 많이 해본 고학년 아이들의 언어능력은 다른 아이들보다 뛰어나다. 대화에서의 공감 능력과 이해 능력은 읽기와 쓰기 영역까지 확장된다. 고학년이 될수록 접하게 되는 매체는 사람의 얼굴이나 표정이 빠진 활자로 된 글이다. 사람과의 대화에서 언어능력을 제대로 발휘하지 못한다면, 글에서는 더욱 어려울 수밖에 없음을 기억해야 할 것이다.

언어능력의 기본,
듣기와 말하기

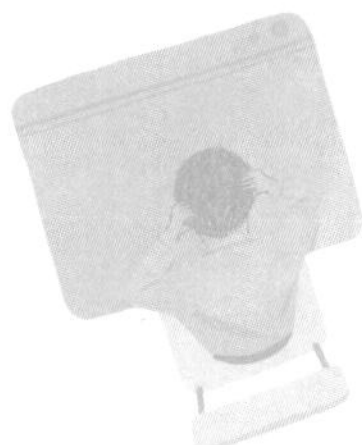

• 1장 •

우리 아이의 듣기와 말하기, 어디까지 왔나

듣기 능력과 청력은 다르다

신생아 시기 때 아이들의 귀는 참으로 예민하다. 부모의 소리 한마디, 주변에서 나는 소리 하나에 민감하게 반응하고 때로는 깜짝깜짝 놀라는 일도 많다. 아이들의 소리에 대한 민감성은 때로는 어른들을 당황하게 만들기도 한다. 택배가 올 때 '딩동' 하는 초인종 소리에 놀라서 우는 아기들 때문에 "벨 누르지 마세요"라고 쓴 쪽지를 붙여놓기도 한다. 그만큼 아이의 청각은 예민하다.

조금 더 자란 후 부모들은 아이들이 단순히 소리에 반응하는 것이 아니라 얼마나 상대방의 말에 잘 집중하고 있느냐, 묻는 말에 대답을 잘 하느냐를 보고 아이가 잘 듣고 있는지를 판단하게 된다. 우리가 흔히 '말귀 트였다'고 하는 부분이다. 하지만 만약 아이가 부모가 하는 질문에 잘 대답하지 못하거나 질문과는 다른 완전히 딴소리를 한다면 '부모의 말을 제대로 잘 안듣고 있구나' 하고 생각하게 된다. 5~6세쯤 되어 아이가 자신의 생각을 말로 잘 전달하고 다른 사람의 질문에 대해서 잘 대답하는 것처럼 보이면 듣는 문제에 대해서는 더 이상 고민하지 않게 된다. 그래서 많은 부모들이 듣기와 말하기는 학교에 입학하기 이전의 언어능력이라고 생각하거나 듣기 능력을 국어 듣기 평가나 영어 듣기 평가처럼 평가의 한 영역으로 치부해버리기도 한다.

하지만 초등학교 입학한 이후에도 듣기의 문제는 매우 중요하다. 초등학교 입학 이전과는 달리 학습적으로 들어야 할 내용이 어려워졌고 한 번에 들어야 할 양이 많아졌기 때문이다. 한 번에 들어야 할 양은 많은데 듣기 집중력과 듣기 능력이 제대로 갖추어져 있지 않으면 들어도 많은 부분을 놓칠 수밖에 없다. 그러면 내용을 따라가기가 쉽지 않게 된다. 뿐만 아니라 학습 상황이나 학교생활에서 말로 들은 것을 기억해야 할 일도 많아진다. 선생님께서 "내일 준비물은 ○○인데 꼭 가져와라. 다음 주까지는 △△를 해야 하니 꼭 준비해 와라" 하고 말하는 경우가 많다. 그것을 듣고 잘 기억하지 못한다면 아이들은 준비물을 챙기지도, 챙겨달라고 부모님께 말을 전하지도 못해 난감한 경험을 하게 될 것이다.

학교에서 이루어지는 교과 수업 시간을 생각해보면 듣기와 관련된 언어능력이 얼마나 중요한지 생각해볼 수 있다. 수업의 모든 활동이 듣기만으로 이루어지지는 않지만, 많은 부분이 선생님 말씀을 듣거나 아이들의 이야기를 들어야 수행할 수 있는 경우가 많아진다. 학년이 올라갈수록 더욱 그렇다.

아이들이 문장이나 이야기를 듣는 능력은 청력과는 다르다. 청력은 어느 정도 주파수대 소리를 얼마나 듣고 있는가와 관련되기 때문에 일반 아이들은 대부분 잘 들리는 것으로 보는 것이 맞다. 무슨 소리가 나면 '소리가 났다'는 것을 알고, 누군가 말하는 소리를 들으면 그 쪽으로 바라보고 대답을 한다.

그런데 똑같은 이야기를 듣고도 어떤 아이는 이해하는 수행력이 좋고 어떤 아이는 좋지 않다. 언어능력과 관련된 듣기의 문제는 단순히 듣는(Hearing) 것이 아니기 때문이다. 우리 귀에 누군가 라틴어로 무슨 이야기를 한다면 우리는 무슨 말이 들리는 줄은 알지만 그것이 의미 있게 들리지는 않는다. 그리고 주의 깊게 귀 기울여 듣지도 않는다. 귀가 열려있기 때문에 소리를 인지할 수는 있지만 듣는 과정 자체가 의미 있지는 않기 때문이다.

사실 듣기(Listening)는 말이나 이야기를 좀 더 '주의 깊게' 듣는 과정이다. 그래서 그 말을 듣고 이해하며 상대방의 의도를 해석한다. 단순하게 들리는 것이 아니라 들은 말을 뇌에서 처리하는 과정까지 모두 포함하는 것이다. 듣기가 좀 더 주의 깊게 이루어져야 상대방의 질문에 대답도 할 수 있고 적절한 대화도 가능하다.

아이들이 텔레비전을 재미있게 보고 있을 때 엄마가 "○○야, 가위 어디 있니?"라고 묻는다면 아이가 건성으로 "몰라요" 하거나 "풀은 아까 봤는데"와 같이 전혀 상관없는 대답을 하는 경우가 있다. 이러한 대답은 상대방의 말을 주의 깊게 듣지 않았기 때문에 생기는 일이다.

그래서 우리는 아이들이 꼭 알아야 하거나 기억해야 할 상황들에 대해서 "잘 들어봐" 하는 신호를 주기도 한다. 아이들의 듣기에 대한 집중력을 높이는 방법이다. 이런 신호를 주었을 때 듣기 과제에 대한 집중력이 좋아지는 것을 볼 수 있다. 아이가 좀 더 듣기에 신경을 쓰고 집중할 수 있기 때문이다. 건성으로 듣는 것보다 듣기 결과에 좀 더 좋은 효과를 기대할 수 있다.

또는 관심 있는 주제로 아이의 집중도를 끌어올리기도 한다. 아무래도 아이들은 자신이 좋아하거나 관심 있는 주제에 좀 더 흥미를 가지게 되고 열심히 들을 수밖에 없기 때문이다. 관심 있는 주제를 제시하는데 어려움이 있다면 아이가 관심을 가질 수 있도록 주제나 내용 자체에 약간의 변형을 주거나 관심 있게 만들면 충분하다.

아이가 성장하면, 아이에게 직접적으로 말하는 것이 아니어도 아이가 다른 사람들의 말이나 대화를 잘 받아들이거나 기억할 때가 있다. 어른들이 '언제 이 이야기를 들었지' 하고 놀라게 되는데 이것을 '흘려듣기'라는 개념으로 설명할 수 있다. 그런데 이것 또한 '집중해서 듣는' 수행 능력이다. '흘려듣기'라는 용어를 쓰기는 하지만 이는 아이들이 결코 흘려듣는 것이 아니라는 것이다. 즉 아이에게 직접 이야기하지 않더라도 어른들끼리 혹은 다른 사람들끼리 한 말을 옆에서 아이가 듣고 그것을 적재적소에 잘 쓰거나 그 뜻을 정확하게 알고 있는 경우가 많다. 집중해서 듣는 것 같지 않은데 잘 듣고 있을 때, 듣기에 집중할 상황이 아닌 우연한 상황에서 들은 것을 기억할 때도 그렇다. 어른들은 아이를 신경 쓰지 않고 자기들끼리 이야기했겠지만 아이는 놀면서 어른들의 말을 주의 깊게 들은 것이다. 최소한 귀에 외국어를 떠드는 것처럼 아무 의미 없는 소리로 듣지는 않았다는 것을 알 수 있다. 청력이 좋지 않은 청각장애 친구들은 이러한 흘려듣기 과정이 원활하지 않은 경우가 많은데, 우연히 듣는 것이 어렵기 때문이다. 특히 소음 때문에 전달이 어려운 상황에서 제대로 듣기가 쉽지 않다. 또한 사회적 기능이 떨어지는 아이들도 이러한 우연적 상황에서의 대화가 어렵다. 상대방과 눈을 마주치면서 이야기하는 사회적 대화도 쉽지 않은 아이들이기 때문에 자신이 놀이 상황에 있을 때 다른 사람의 이야기를 대충이라도 듣기가 힘든 것이다.

이러한 '흘려듣기' 능력은 아이들의 학습이나 이후 언어능력 발달에 매우 중요한 지표가 된다. 매순간 우리가 듣기에 집중하면서 살아갈 수 없고 말하는 사람의 눈을 보고 듣기에 집중할 수는 없다. 그러므로 우연적인 상황에서 일어나는 듣기 과제를 수행하는 능력은 매우 중요하다. 활동 반경이 넓어지는 초등학생들은 이런 상황에 더욱 빈번하게 노출된다.

듣기의 문제는 결국 관심과 집중도의 문제, 좀 더 주의 깊게 잘 듣는 문제라고 볼 수 있다. 내용의 수준에 차이가 있고 말을 건네는 대상도 다양하기 때문이다. 초등학교 이후에는 대화와 소통의 내용이나 방법이 좀 더 깊은 수준으로 이루어지게 되고 학습의 과정에서도 듣기 능력은 매우 중요해진다.

그러므로 단순히 잘 들리는 것과 잘 듣고 이해하고 공감하는 것은 완전히 다른 문제이다. 이러한 듣기 능력의 향상을 위해서는 영유아시기 때부터 대화와 소통의 끊임없는 시도와 연습이 이루어져야 하고, 필요한 정보에 대해서는 '귀를 쫑긋 세울 수 있는' 집중력과 태도가 필요하다. 초등학생들이 갖추어야 할 언어능력에 듣기가 빠져서는 안 되는 이유가 바로 여기에 있다.

언어 자극이 말하기 문법을 완성한다

일반적으로 초등학생이 되면 말하기에 있어서 문법적 오류나 발음의 문제가 없다. 조사를 잘못 쓰거나 문법적 표현이 잘못되는 경우는 드물다는 것이다. 낯선 사람이 들어도 다 알아들을 수 있을 정도로 아이들의 발음도 정확하다. 아이의 말이나 표현에서 낯설거나 생소한 부분은 이제 거의 느껴지지 않는다. 말에 관해서만은 나무랄 데가 없는 아이들이 대부분이다.

이러한 말하기는 언제 어떻게 완성될까? 이는 초등학교에 입학해서 갑자기 생기는 것이 아니다. 말을 시작하는 영유아기부터, 아니 부모가 말로서 언어 자극을 주는 아주 어린 아기 때부터 들어온 경험과 말해온 경험을 바탕으로 말하기 문법이 완성된다. 그러다보면 어느새 우리는 우리말을 할 때 어느 누구도 '주어 다음에 무엇이 오고, 그

다음 뭐가 와야 하는지'와 같은 문법을 따지지 않게 된다. 자연스럽게 어순에 따라 말을 하게 되고 적절한 조사를 사용할 수 있으며, 그것이 우리가 일반적으로 사용하는 문장이 된다. '어제'라고 말하면 '~었어요'와 같은 과거형 시제를 사용하고, '내일'이라고 하면 '먹겠다'와 같은 미래형 시제를 사용하는데 특별히 고민하지 않고 자연스럽게 쓸 수 있는 것이다.

이러한 말하기 문법이 완성되기 전, 처음 문장을 배우는 무렵의 아이들의 말은 조사가 중복되기도 하고 시제가 틀리거나 어순이 잘못되기도 하며 때로는 의미에 맞지 않은 단어를 써서 이해하기 어려울 때도 있다. 영유아 아이들이 말을 할 때 문법을 지키지 않는 것은 크게 신경 쓰지 않아도 된다. 최소한 초등학교 입학 시기가 다가오면 자연스럽게 우리말의 문법을 따르게 된다.

이렇듯 말하기 문법이 완성되는 것은 아이가 몇 년에 걸쳐 말을 쓰고 들어오는 과정이 있었기 때문에 가능하다. 부모의 말이나 다른 사람들의 말을 들으며 자란 시간이 있었기 때문에 아이들은 자연스럽게 말하기에도 익숙해지는 것이다. 그리고 문법이 틀린 문장을 듣거나 말하게 되면 우리는 매우 어색해한다.

그렇다면 말하기 문법이 초등학교 입학 후에도 제대로 잡히지 않는 이유는 무엇일까? 첫째, 안타깝지만 아이에게 적절한 언어 자극을 주는 사람이 없다면 말하기 문법이 제대로 잡히기는 쉽지 않다. 혹은 잘못된 방식의 언어 문법을 사용하는 사람으로부터 언어 자극을 받았다면, 아이도 말을 부적절하게 사용할 가능성이 높다. 둘째, 말하기 문법이 자리 잡을 정도로 언어 발달이 잘 되지 않은 경우도 마찬가지다. 언어 발달 단계에서 문법적 기능은 마지막에 생기는 능력에 가깝다. 따라서 언어 발달이 늦어져서 문법 단계까지 나아가지 못했다면 결코 말하기가 자연스럽거나 수월할 수는 없다. 셋째, 말하는 기회가 많이 없었던 아이들의 경우도 말하기 문법이 정착되는데 시간이 많이 걸릴 수 있다. 자주 말하고 잘 말해야 말하기의 기능도 좋아진다. 아이가 여러 가지 이유로 말하기의 기회를 제대로 가지지 못했다면 아이의 말하기 문법이 성장하기는 쉽지 않다. 넷째, 문법이 정확하게 체득되지 않은 경우다. 우리가 영어를 말할 때 자꾸 문법을 떠올리면서 제대로 문장을 구사하지 못하는 것도 이런 이유다. 자꾸 문법을 생각하고 그 문법이 자연스럽지 않아 말하는 데 시간을 필요로 한다.

안타깝지만 요즘 예능 프로그램에 나오는 표현이 워낙 자극적이고 핸드폰 문자나 카카오톡의 사용이 빈번해지면서 아이들의 말하기 문법이 제때 제대로 자리 잡지 못하는 경우도 종종 생긴다. 아이가 말하기와 관련된 문법을 잘 수행하지 못할 때, 혹은 어린 나이의 아이들부터 정확한 문법이 들어간 말을 들려주는 것도 좋은 방법이다.

보통 아이가 어리거나 언어 수준이 낮으면 부모의 말도 아이에 맞춰 어절수가 줄어드는 것이 적절한데 길게 말해도 아이가 듣고 이해하는 데는 어려움이 따르기 때문이다. 아이에게 언어적 모델링을 할 때는 항상 하나에서 두 개의 어절을 더하면서, 표현은 정확하게 사용해주는 것이 좋다. 이제 막 문장 수준의 발화를 시작했거나 말이 늦은 아이에게 "너 엄마 같이 라면 마트 왔어"처럼 조사를 빼고 의미가 통하게 말하는 것보다 "너 엄마랑 같이 라면을 사려고 마트에 왔어"와 같이 문장을 모델링하는 것이 훨씬 더 좋다. 그리고 가능하다면 그 문장을 따라할 수 있는 기회를 주는 것이 꼭 필요하다.

정확한 문장을 듣고 따라하면서 아이들은 문법에 맞게 사용하는 방법을 배우게 되고 좋은 문장을 말하는 기회도 얻게 된다. 특히 아이가 문법적으로 맞는 문장을 사용하려면 좋은 문장, 정확한 문장을 많이 들어야 한다. 듣기가 기반이 되어야 잘 말할 수 있고, 들은 정보를 바탕으로 문장을 기억해서 말하는 기술도 사용하기 때문이다. 아이들은 어릴 때부터 정확한 표현, 좋은 문장을 들려주고 경험하게 하는 것이 꼭 필요하다.

초등 입학 전후에도 아이의 말하기 문법이 정확하지 않다면 부모가 직접 책을 읽어주는 것도 좋은 방법이다. 특히 사회나 과학 분야 같은 정확한 문장의 책, 혹은 생활문에 가까운 글이면 더욱 좋다. 문법적으로 가장 정확하게 쓰는 말, 문법적으로 잘 갖춰진 문장이 들어있는 것이 글로 된 말, 바로 책이다. 혹은 동화와 함께 들을 수 있는 CD를 활용하는 것도 좋다.

더 큰 아이라면 어린이 신문의 사설이나 어린이 대상 잡지를 읽게 하는 것, 뉴스를 들려주거나 부모가 읽어주는 내용을 들어보게 하는 것도 좋은 방법이다. 일반적으로 어른들이 읽는 신문은 중학생 정도가 읽고 이해할 정도로 작성되기 때문에 초등학생 특히 저학년 수준에서 읽기에는 다소 내용과 길이가 복잡하고 어려울 수 있다. 그래서 어린이 신문이나 어린이 잡지 수준의 언어들을 활용해서 정확한 문법의 문장들을 경험하게 하는 것도 좋은 방법이다.

하지만 초등학교 입학 전후의 아이가 문법적으로 틀린 표현을 쓸 때 잘못되었다고 과하게 지적하지 않는 것이 좋다. 예를 들어서 "어제 밥을 먹겠어요"라고 말했다면, "응, 어제 밥을 먹었어"와 같이 맞는 문장의 모델링을 해주는 것만으로도 충분하다. 아이는 그렇게 말해주는 것만으로도 자신의 표현이 잘못되었음을 인식한다. 아이가 잘못 표현했더라도 다시 들을 때는 맞는 표현을, 듣고 난 이후에는 자기 것으로 활용할 수 있으면 된다. 특히 초등학교 시기의 말이 늦었거나 언어 발달이 늦은 아이라면 언어 발달과 말하기 문법이 함께 완성되는 시기이니만큼 많은 관심과 주의가 필요하다.

말하기 문법이 완성되었더라도 글의 문법으로 이어지는 데는 더 많은 시간이 필요할 수도 있다. 하지만 말하기 문법은 글의 문법보다 훨씬 허용되는 폭도 넓고 덜 엄격하다. 따라서 말하기 문법이 제대로 형성되지 않으면 글의 문법 완성도 어려울 수 있음을 기억해야 한다.

• 2장 •

듣기와 말하기에
문제가 나타나는 이유

어휘력은 학년에 맞춰 늘려가야 한다

"지난 시간에 배웠던 중심지에 대해서 다시 살펴보자. 산업의 중심지, 상업의 중심지, 행정의 중심지, 관광의 중심지… 자, 물건을 생산하고 만드는 공장이 많은 곳은 무슨 중심지일까?"

초등학교 4학년 사회 시간에 나오는 중심지에 대한 설명이다. 이와 관련해서 담임선생님께서 앞에서 여러 가지 내용을 이야기하며 수업을 진행해나간다. 사회 단원 중의 하나가 '중심지'에 관한 것이고 중심지의 특징별로 각각을 구분해보는 것이다. 그런데 이 짧은 단원의 도입부 안에 얼마나 많은 어휘들이 들어있는지 한 번 생각해보자. 중심지, 산업, 상업, 행정, 관광, 생산… 쉽지 않은 단어들이다.

선생님이 교단에서 이렇게 말씀하고 계시고 아이들이 설명을 듣고 있다. 그런데 만약 이런 어휘들을 잘 모르는 아이들이라면, 말만으로 진행되는 이 설명을 이해할 수 있을까? 속으로 '무슨 말인지 하나도 모르겠다'고 생각하게 될 것이고 수업에 참석하고는 있으나 이해는 전혀 안되는 상황이 될 것이다. 그런데 4학년 교과서에 이러한 어휘가 나오고 선생님이 이 이야기를 설명을 해준다는 것은 4학년 정도 된 아이라면 이정도 어휘는 충분히 알고 있어야 한다는 반증이기도 하다.

학년에 맞게 어휘력이 성장하지 않으면, 제대로 언어능력이 자라날 수 없고 학습이 제대로 이루어질 수 없다. 단어가 이해가 되지 않으니 문장이 이해될 리가 없고, 문장이 이해되지 않으면 내용 자체가 이해될 리가 없다. 읽기 과제라면 단어 뜻을 찾거나 생각할 시간이 충분하다. 하지만 듣기나 말하기 과제에서는 이 과정이 쉽지 않다. 들으면서 바로 단어와 문장을 해석해야 하고 상대방에게 대답도 해야 한다. 따라서 이해 못하는 단어 하나에 집중하는 사이 수많은 내용들이 그냥 지나가버릴 수 있다. 제대로 어휘가 이해되지 않으면 순식간에 많은 말들이 해석되지 않은 채로 끝나버리게 된다. 결론적으로는 무슨 말인지 알 수 없다.

초등 고학년이 될수록 언어능력은 곧 어휘력 싸움이다. 아이들이 얼마나 많은 단어를 알고 있느냐, 또 얼마나 많은 아이들이 그 단어를 잘 이해하고 있느냐에 따라 듣고 말하기가 좀 더 수월해진다. 단어의 사전적인 의미는 모르더라도 맥락을 보고 추측하면 되지만 그 역시도 결코 쉽지만은 않다. 문맥상 의미는 같은 단어라고 해도 문장에 따라서 그 뜻이 다양하게 설명되는 경우를 말한다. 그런데 정확한 단어의 뜻을 알고 이야기하는 것보다 이러한 맥락상 의미가 더 어려울 수도 있다. 단어의 뜻을 외운다고 만들어지는 것도 아니고 같은 단어라도 맥락에 따라 달라지기도 한다. 우리말에는 한자어도 많고 같은 음인데 다른 뜻을 가진 단어들도 많아서 더욱 어렵다.

아이들의 일상적인 대화에서는 이렇게 높은 어휘 수준을 필요로 하지 않을 수도 있다. 하지만 수업 시간에 선생님의 말씀이나 토론 수업에서 이루어지는 듣기, 말하기는 다양한 과정으로 이루어질 수 있다. 수업 시간에 배웠던 많은 어휘들을 활용해야 하고 적극적으로 자료를 찾으면서 참여해야 한다.

일상적인 대화에서의 듣기, 말하기는 이미 초등학교 입학하기 이전에 기본은 완성되어 있다. 따라서 물건을 사거나 자신이 하고 싶은 것을 이야기하거나 먹고 싶은 것을 해달라고 말하는 것과 같은 일상적인 상황의 듣기, 말하기는 충분히 수행하고 있다. 하지만 초등학교 고학년으로 올라갈수록 좀 더 복잡한 대화의 방식이 요구될 때가 있다. 초등학교 고학년 아이들은 활동 반경이 집 주변이 아니라 좀 더 넓은 공간으로 확장되고 부모의 도움 없이 친구들과 무엇인가를 하기 시작한다. 단순히 안부를 묻는 의사소통이 아니라 정보를 필요로 하는 의사소통을 아이가 직접 해야 하는 상황도 생기는데, 관련된 어휘나 상황을 이해하지 못한 경우에는 제대로 해내기 어려워진다.

그래서 초등학교 입학 이후에는 아이들에게 말을 지나치게 쉽게 풀어서 전달해주어서는 안 된다. 이렇게 말하면 굉장히 포괄적으로 들릴 수도 있겠지만 또래 수준으로 이야기해야 한다. 어떤 말을 설명해줄 때는 쉽게 풀어야겠지만 영유아기 아이들처럼 너무 아기에게 말하듯이 해서는 안 된다. 아이들의 이해도를 높이고자 상황이나 단어를 무조건 풀어서 말해주는 부모들이 있는데 그것은 아이들에게 꼭 적합하다고 보기는 어렵다. 경험에 비추어 단어의 뜻을 생각하게 하는 것도 좋다. 아이들이 잘 듣고 설명을 이해할 수 있도록 도움은 주되 학년 수준과 아이의 언어 수준에 맞는 말을 해주는 것이 더욱 중요하다. 부모의 말투나 설명 방식을 아이들이 그대로 따르는 경우가 초등학교 저학년까지도 심심치 않게 일어난다. 초등학교 저학년이면 부모의 눈에는 아직 어린 아기 같지만, 아이가 하나의 독립적인 인격체로서 대화하고 활동하고 있음을 잊어서는 안 된다.

어휘력이 학년 수준에 맞게 잘 가고 있는지를 확인할 수 있는 방법은 무엇일까? 바로 교과서다. 글이 많은 교과서 예를 들어서 국어나 사회 교과서를 읽어주었을 때 아이가 어느 정도 이해하는지를 확인하면 학년 수준에 맞게 아이의 어휘력이 잘 성장하고 있는지 알 수 있다. 혹은 교과서에 나온 단어의 뜻을 물어보았을 때 아이가 대부분의 단어를 잘 알고 있고 국어나 사회 과목의 문제를 푸는데 단어의 뜻을 몰라서 일어나는 어려움이 없다면 어휘력에 대해서 안심해도 좋다. 교과서야말로 아이들의 학년별 언어능력과 학습 수준을 가장 잘 반영하고 있기 때문이다.

이렇듯 아이가 어떤 어휘를 정확하게 아는지 모르는지 판단하는 방법은 바로 교과서의 어휘다. 교과서에 나와 있는 어휘 목록만 뽑아보아도 그 학년이 가져야 할 언어 수준이 어느 정도인지 파악할 수 있고, 어느 정도 어휘를 알고 있는지도 알 수 있다. 언어치료나 교육학 쪽의 연구나 논문들도 교과서에 나와 있는 언어 목록을 바탕으로 그 시기의 언어능력을 분석하고 있다. 교과서의 어휘나 단어들을 보여주고 어떤 뜻인지 아는지 물어보면 된다. 아이가 단어를 들었을 때 사전적으로 완전히 정확하지 않더라도 그 개념을 알고 있으면 괜찮다.

단, 예를 들어서 4학년 아이의 어휘력을 좀 더 정확하게 확인하고자 한다면 그 단원을 공부한 다음, 혹은 4학년 교과 과정이 끝난 다음에 물어보는 것이 더 정확할 수 있다. 아는 어휘가 70%~80% 정도만 되어도 내용 전체를 이해하는데 크게 어렵지 않다고 한다. 그러나 그 이하라면 이해가 어려울 수밖에 없다. 단어 뜻만 정확하게 알아도 설명을 들었을 때 이해도는 올라간다. 아이가 수업이 끝난 후에도 도대체 무슨 말인지 모르겠다고 표현하거나 이해하기 어렵다고 한다면, 아이의 어휘력이 학년에 미치지 못하는 것은 아닌지 확인해볼 필요가 있다. 이런 경우 수업 시간에도 선생님의 설명을 잘 이해하지 못했을 가능성이 높다.

이러한 듣기 능력을 바탕으로 읽기에 대한 이해 능력도 생겨난다. 상대방의 생각이나 견해를 말이나 글이라는 수단을 통해 받아들이고 이해하는 것이 바로 듣기와 읽기이기 때문이다. 그런데 읽기에서 다시 강조하겠지만, 두 영역 다 이해의 큰 틀에서 고민해야 할 가장 기본적인 것은 바로 어휘력이다. 듣기에서의 어휘적 어려움은 읽기에서도 그대로 드러날 수밖에 없다. 결국 어휘력 문제는 학습의 전반적인 어려움으로 나타날 수 있다. 교과서에 나와 있는 어휘 정도는 기본적으로 잘 알고 넘어갈 수 있도록 하는 것이 혹시 모를 어휘의 구멍을 막는 길이다.

이야기에 집중하기 어려운 아이들

학년이 올라갈수록 아이들과 대화하면 본인의 말도 길어지고 상대방의 설명도 많아진다. 그런데 이러한 흐름에 집중하지 못하면 대화 자체가 어려울 수밖에 없다. "뭐라고?" 하고 끊임없이 되묻거나 딴 생각에 빠져 있는 것 같은 태도를 보일 때 그것을 보는 부모는 답답하기만 하다. 아이에게 별로 흥미가 없는 이야기나 관심 없는 주제라면 더욱 그럴 것이다. 부모의 잔소리라면 한 귀로 듣고 한 귀로 흘리는 아이들의 모습도 쉽게 볼 수 있다.

하지만 반대로 아이가 좋아하는 주제라면 어떨까? 어른들은 이름도 잘 모르는 게임이야기라면 흥분하면서 말하는 아이들, 야구나 축구 같은 관심 분야의 경기 설명은 눈을 반짝이면서 듣는 아이들… 초집중 모드로 듣는 것을 쉽게 확인할 수 있다.

결국 이야기에 집중하게 만드는 가장 좋은 방법은 아이가 좋아하거나 관심 있는 분야를 말하는 것이다. 하지만 모든 이야기를 아이가 좋아하는 주제로 만들 수는 없다. 마찬가지로 학습적인 이야기 역시 아이가 좋아하는 과목으로 다 설명하기는 어렵다.

요즘 아이들은 상대방의 이야기를 듣기보다 자신의 말을 하는 것을 좋아하는 편이다. 상대방이 이야기를 하는데 끝까지 듣지 않고 말을 끊어가면서까지 자신의 이야기를 미주알고주알 늘어놓는 경우가 생각보다 많다.

언어능력은 말을 잘하는 능력이 아니라 소통능력, 즉 이야기를 듣고 이야기를 하는 커뮤니케이션 능력이다. 그런데 만약 자신이 말하는 것만 좋아하고 상대방의 말을 제대로 들으려 하지 않는다면 어떨까? 소통이 쌍방향으로 이루어지지 못하는 경우가 생길 것이고 아이들이 우리 아이와 말을 하고 싶지 않은 상황까지 가게 될지 모른다. 상대방의 말을 듣지 않고 자기 말만 하는 아이에게 친구들이 호감을 가지고 끝까지 대화를 나누는 건 쉬운 일이 아니다. 보통 이런 친구들이 함께 하는 대화는 하나의 주제에 집중하지 못하고 주체 자체가 매우 산만해지기 쉽다. 대화가 심도 있게 진행되지 않으니 겉으로만 빙빙 돌고 이야기의 핵심을 제대로 알아내기 어렵다.

그래서 대화를 할 때는 이야기에 집중하고 주제를 유지하기 위한 노력이 무엇보다 중요하다. 즉 아이 스스로가 주제에 맞게 이야기를 하고 있는지, 상대방의 반응을 살피면서 주제를 놓치지 않는지 되돌아보는 것이 필요하다. 그리고 상대방의 말을 놓치지 않고 끝까지 들으려는 노력도 중요하다. 혹시 그런 면에 부족해 보이는 아이라면 어디부터 어떻게 도와주어야 할까?

언어가 늦은 친구들과 언어치료를 할 때 마지막 단계에 이루어지는 것, 그 중 하나가 치료사와 아이의 1:1 상황에서 '이야기의 주제 유지하기'이다. 하나의 주제를 정하고 그에 대해서 주고받는 형태의 대화를 이어가는 것이다. 처음에는 아이가 주제를 계속 상기할 수 있도록 단서, 즉 그림이나 사진을 함께 제시하기도 하고 시간의 흐름에 따른 4가지 그림을 같이 보여주기도 한다. 이는 아이가 대화에서 벗어나거나 질문과는 다른 이야기를 하지 않도록 여러 가지 매개체를 쓰는 것이다. 그런 후에 서서히 참고할만한 단서들을 빼게 된다. 흔히 우리가 그러하듯이 서로의 얼굴만을 보고 상황에 대해서 이야기하거나 주제를 가지고 이야기하는 상황들이 조성된다.

그 다음에 이루어지는 것이 그룹 치료 혹은 사회성 그룹 치료인데, 또래와 하나의 주제로 이야기하고 소통하는 방식의 치료를 하게 된다. 일상적인 언어를 활용하기 때문에 쉬울 것 같지만 그렇지 않다. 여러 사람들과 주제에 집중해서 이야기해야 하기 때문이다. 요즘은 그룹 수업이나 모둠 수업, 토론 형태의 수업이 많기 때문에 친구들과 함께 한 가지 주제로 소통하는 것이 매우 중요하다.

온전히 자신의 이야기에 집중해주는 한 명의 어른과 1:1로 대화에 집중하기는 비교적 쉬운 과정이다. 아이가 제대로 반응하지 못하더라도 어른은 기다려줄 수 있고 격려해줄 수 있기 때문이다. 하지만 아이들은 다르다. 자신의 관심사에 따라 혹은 자신이 생각하는 바에 따라 아이들은 다양하게 반응한다. 한참 재미있게 이야기해도 아이들의 관심이 없을 수도, 잘 듣지 않는 아이들이 생길 수 있다. 주제와는 완전히 다른 이야기를 하는 친구도 생긴다. 따라서 아이들이 두 명만 되어도 이야기가 어디로 튈지 모르고 어떻게 진행될지도 알 수 없다. 두 아이 혹은 서너 아이들이 하나의 주제를 가지고 상대방의 이야기를 듣고 집중해서 대답하고, 궁금한 점을 물어보는 것은 단순하지만 쉽지 않은 과정이라는 것을 알 수 있다. 그만큼 아이들이 대화에 집중해서 무언가 결론을 만들고 이야기를 나누는 것을 어려워한다는 반증이기도 하다. 언어치료의 그룹 수업까지 왔다는 것은 또래만큼 언어가 많이 성장한 아이들이다. 그런데도 쉽지 않음을 많이 느끼게 된다.

초등학교 고학년이 될수록 이 과정은 더욱 복잡해지기 마련이다. 무엇보다 상황이나 어휘의 복잡성과 다양성 때문에 그렇다. 집에서 다양한 주제로 이야기를 해본 많은 아이들은 주제를 유지해서 질문하고 대답하는 것에 어려움이 없다. 주로 이야기의 경험이 적거나 단편적인 이야기만 주고받았던 경험을 가지고 있는 친구들은 다른 사람들의 대화에 집중력을 발휘하기 쉽지 않다. '재미도 없는 이야기인데 저걸 내가 꼭 듣고 있어야 하나' 하는 생각이 들기도 하고, 하고 있는 이야기에 집중하지 못하고 자신이 생각한 것을 툭 내뱉기도 한다. 안타깝지만 대화의 흐름에 맞지 않는 이야기라면 다른 친구들의 눈치를 받을 수도 있다.

대화에 집중하는 아이들은 무엇이 다를까? 첫째, 대화에 집중하는 아이들 중의 많은 수는 농담과 트릭을 적재적소에 쓸 줄 안다. 소위 상대방의 말에 맞장구도 잘 치고 잘 받아치는 아이들이다. 여기서 놓치지 않아야 할 점은, 그런 아이들의 경우 말을 잘하는 아이들이 아니라 오히려 잘 듣는 아이들인 경우가 많다는 것이다. 다른 아이들의 말을 잘 듣다가 적재적소의 필요한 상황에서 그 말을 잘 받아치니 아이들이 재미있어하고 즐거워하게 된다. 이러한 농담과 트릭은 이야기의 주제를 벗어나지 않으면서도 재미와 흥미를 불러일으키기 때문에 또래 친구들이 좋아하는 경우가 많다. 이렇게 재치 있고 순발력있는 말 한마디가 아이의 존재감을 드러낸다.

둘째, 상대방의 감정을 이해하고 공감하는 능력이 뛰어나다. 상대방의 말을 끝까지 잘 듣고 이야기를 집중하기 때문에 상대방이 이야기 하는 바가 무엇인지, 상대방의 감정이 무엇인지를 생각할 수 있다. 이러한 감정 공감 능력이 뛰어난 청자가 있다면, 상대방은 더욱 자신의 이야기를 신나게 잘 전달한다. 훌륭한 상담자로서의 역할을 하는 학생들의 대부분이 상대방의 이야기를 잘 듣고 대화에 집중하는 아이들이다.

셋째, 언어 소통능력이 뛰어난 아이들이다. 언어능력은 자신의 말만 잘하는 능력이 아니라 소통하는 능력이기 때문에 이야기의 주고받음이 자연스럽고 원활하게 이루어져야 한다. 대화에 집중할 수 있어야 이러한 소통도 가능하고 서로의 이야기를 통해 감정도 주고받을 수 있다.

처음부터 모든 대화와 모든 주제에 아이가 집중하기는 쉽지 않다. 하지만 아이가 자꾸 질문과는 다른 대답을 하거나 하나의 주제로 이야기하지 못하고 '그런데'를 반복하면서 다른 이야기를 계속한다면 혹시 이야기에 집중을 못하고 있는 것은 아닌지, 이야기 흐름을 제대로 못 따라가고 있는 것은 아닌지 다시 한 번 생각해볼 필요가 있다. 대화에 집중하지 못하는 것은 단순히 말에 초점을 맞추는 것이 아니라 주제, 내용, 분위기 등 대화를 둘러싼 모든 것에 집중하지 못하는 것으로 보아야 하기 때문이다. 말뿐만이 아니라 대화를 둘러싼 상황들에 집중하는 능력, 이것이 초등학생들이 꼭 갖추어야 할 언어능력이다.

시각적 정보에 노출된 아이들

예전의 아이들, 우리 부모 세대에게 텔레비전이 그랬듯 요즘 아이들에게 스마트폰과 컴퓨터는 정말 유혹적인 매체다. 스마트폰과 컴퓨터에서 나오는 정보들은 시각적이면서 자극적이다. 청각적인 정보들이 없지는 않지만 목소리와 음악 소리가 크고 빠르다. 큰 노력을 기울이지 않더라도 정보를 쉽게 구할 수 있고 시각적 정보와 함께 이야기가 함께 나오는데 듣기에 크게 의존하지 않아도 된다. 우리가 흔히 볼 수 있는 예능 프로그램의 경우 장면과 함께 시각적인 멘트만 읽어도 충분히 상황이 이해되고 웃을 수 있다. 초등학교 아이들이 많이 보는 유튜브의 경우에도 이야기가 단순하고 화면은 빠르게 변하지만 아이들은 그 흐름을 잘 쫓아갈 수 있다. 하지만 이야기의 전개를 따라간다기보다는 화면의 전환을 따라간다고 보는 편이 맞을 것이다. 우리 눈에는 빠르고 정신없어 보여도 아이들의 입장에서는 재미있고 즐겁다.

사람의 감각은 예민하면서도 환경에 수동적이어서 쉽고 편한 방향과 길들여진 방향으로 가려는 경향이 있다. 고정된 감각 방향을 고치는 것은 많은 노력을 필요로 하는 일이다. 어릴 때부터 시각적 정보에 지나치게 길들여진 아이들은 청각적 정보를 잘 쓰려고 하지 않는다. 시각적인 자극에 훨씬 더 편하고 익숙해진 탓이다. 다른 채널보다 유튜브 같은 영상 채널을 좋아하는 친구들은 특정한 영상들을 즐겨보는 경우가 많다. 그 영상의 흐름이나 정보의 제시 방법들이 비슷한 형태들을 더 좋아하는 경우도 많다.

더 안타까운 것은 컴퓨터나 스마트폰 속 영상을 보는 동안 그 작은 사각형 안에 집중하느라 주변 사람들과의 특별한 말이 오가지도 않는다는 것이다. 영상에 집중하는 동안 단 한마디의 말도 안할 수도 있다. 혹은 "와~"와 같은 감탄사 위주로 말하는 것이 전부일 수도 있다. 영상을 보는 그 자체보다 영상에 집중하는 동안 의미 있는 소통이나 반응이 제대로 이루어지지 못하는 것이 오히려 더 문제다.

어린 시절부터 스마트폰이나 TV에 일찍 노출되고 영상을 보는 시간이 많은 아이일수록 언어 지체, 집중력 저하, 공격적 성향, 수면 문제 등이 생길 위험이 커진다는 연구 결과가 있다. 어렸을 적부터 강한 자극에 노출된 아이들은 웬만한 자극에는 호기심이나 흥미를 보이지 않게 되기 때문이다. 그래서 다른 나라에서는 만 2세 이하 영아의 디지털 기기 사용을 법으로 금지한다거나 아이 혼자 스마트폰을 가지고 놀게 하지 말자는 육아 캠페인이 벌어지고 있기도 하다.

컴퓨터나 스마트폰의 영상 기기들이 좋지 않은 이유는 아이들이 생각을 발휘할 기회를 빼앗고 뇌 활동을 저하시키기 때문이다. 스마트폰 중독자의 경우, 기억력 · 사고력 등을 담당하는 안와전두피질에 이상이 생기는 경우가 많다. 이로 인해서 합리적 판단이 어려워지고 충동적인 성향을 보이게 된다는 다소 충격적인 연구 결과도 있다. 미국 워싱턴대 데이비드 레비 교수는 '팝콘 브레인(Popcorn Brain)'이라는 개념으로 시각적 자극이 과하게 노출된 뇌를 정의한다. 이는 빠르고 강렬한 시청각 자료에 길들여져 즉각적인 현상에만 팝콘처럼 반응하는 두뇌 상태를 말한다. 흥미 위주의 영상을 볼 때는 시각 정보를 담당하는 후두엽만 겨우 움직이게 된다. 따라서 미디어에 과도하게 노출된 아이는 두뇌가 균형 있게 자라지 못하고 대화하고 사고하는 힘을 잃게 되는 것이다.

이런 시각적 정보에 익숙해지면 아이들은 시각적 정보가 없는 이야기를 듣기 어려워하기 시작한다. 너무도 쉽게 정보와 이야기를 전달해주는 매체에 익숙해지다 보니 그냥 말로 하는 이야기만을 가지고 머릿속에 그림을 그려내기가 쉽지 않은 것이다. 그래서 너무 지나치게 컴퓨터나 스마트폰 매체에 빠져있는 아이들은 대화 자체의 어려움을 겪게 되는 경우도 많다. 아무리 좋은 자료라도 사람들과의 소통이나 대화만큼 좋을 수는 없다.

그럼에도 불구하고 요즘 같은 정보화 시대에 컴퓨터나 스마트폰을 차단할 수 있는 방법은 없다. 이미 부모 세대가 자랄 때와는 시대도 달라졌고 정보를 제공하는 매체도 다양해졌다. 컴퓨터나 스마트폰을 못하게 한다고 해서 그러한 시각적 영상들과 자극적인 멘트들을 완전히 차단할 수도 없다. 시도했다가는 오히려 아이와 사이가 나빠지는 경우가 대부분이다. 집에서는 분리가 되더라도 밖으로 나가면 수많은 친구들의 손에 스마트폰이 쥐어져 있으니 완전한 차단이란 불가능한 일이다.

아이가 혼자만의 영상 놀이에 빠지지 않도록 어릴 때부터 함께 보고 이야기 나누는 시간이 꼭 필요하다. 혼자 영상 보는 것에 익숙해져 있는 아이들이 갑작스럽게 부모가 개입해서 같이 보려고 하거나 이야기를 나누려고 하면 간섭으로 생각하고 거부하는 경우가 많다. 어릴 때부터 영상을 보더라도 함께 이야기하는 과정에 자연스럽게 노출이 되어 있어야 그 이후 시기에도 함께 보는 것에 대한 거부감이 줄어든다.

딸은 나에게는 이름조차 생소한 슬라임이나 액체괴물 영상을 좋아한다. 그리고 관련해서 정말 많은 영상이 있는 것도 알게 됐다. 기회가 될 때 이러한 영상들을 가끔 보는데, 어찌나 몰입하는지 모른다.

그런데 중간중간 모르는 말이 나오면 "엄마 이게 무슨 말이야?" 하고 묻기도 하고, 자신이 혼자 보기 아까운 신기한 장면을 보여주기도 한다. 내가 "이거 뭐 만드는 거야?" 하고 물으면 "이건~" 하고 신나게 대답하는 것도 좋아한다. 무조건적으로 영상 보는 것을 막지 않은 대신 영상을 보는 아이의 옆에서 무심한 듯 질문하고 대답하며 이야기를 즐겼기 때문에 가능한 일이었다고 생각한다. 그래서 초등학교 고학년이 된 지금도 영상을 보면서 이야기 나눌 수 있다.

부모에게 영상을 보면서 알게 된 새로운 정보를 말하거나, 영상을 다 본 후에 관찰한 것에 대해 무엇이 재미있고 무엇을 새롭게 알게 되었는지 이야기할 수 있다면 '이야기 다시 말하기'와 같은 언어능력의 또 다른 발전도 가능하다. 본 것을 언어로 정리할 수 있는지, 내용을 잘 파악하고 있는지 대화를 통해서 확인하는 과정이 필요하다.

시각적으로 제시되는 정보가 나쁘다는 것은 결코 아니다. 모든 것을 실제로 가서 보고 경험할 수 없기 때문에 많은 정보를 생생하게 접할 수 있다는 것은 아이들에게 유용한 자산이 될 수 있다. 과학 시간에 나오는 실험들도 예전에 그림으로만 볼 수 있었다면, 요즘은 직접 촬영한 영상을 통해 확인할 수 있기 때문에 아이들에게 훨씬 이해가 빠르고 재미도 있을 것이라 짐작할 수 있다. 실제로 가보지 않은 곳의 장면들을 영상으로 확인할 수도 있고, 과거의 역사 이야기도 영상으로 보면 더 즐겁고 재미있게 생각하고 기억하기도 쉽다. 과학 시간에 나온 실험에 관련된 설명을 듣는데 이미 봤던 영상을 듣는다면 머릿속에서 장면을 떠올리면서 쉽게 이해할 수 있다. 특히 언어능력이 떨어지거나 말이 늦는 친구들에게 시각적인 정보는 더욱 쉽고 중요한 학습적 매개 수단이 될 수 있다.

하지만 시각적 정보에 지나치게 편중되면 스마트폰 영상이나 컴퓨터 게임처럼 확실한 자극에는 쉽게 빠져들지만 대화에는 잘 참여하지 못할 수 있다. 혹시 우리 아이가 이야기에 집중을 잘 하지 못한다면, 시각적 정보에 지나치게 관심을 가지고 있지는 않은지, 정보를 처리하는 것이 시각적인 것에 편중되어 있지는 않은지 고민해볼 필요가 있다.

따라서 아이가 강한 시각적인 자극에 지나치게 노출되지 않도록 살펴보아야 한다. 그리고 컴퓨터나 스마트폰의 시각 영상을 볼 때 혼자 보는 것이 아니라 부모와 함께 이야기 나누면서 함께 보는 상황을 자주 만들어야 한다. 자신이 본 내용을 부모에게 설명하게 하는 것도 방법인데, 어린 시절부터 습관이 될 수 있도록 아이에게 말을 걸어주고 궁금해 하는 것이 좋다. 부모가 관심을 가진다면 아이들은 부모에게 자신이 본 것들을 다시 언어로 말해주는 좋은 경험이 될 수 있다.

• 3장 •

듣기와 말하기 능력 발달 도와주기

아이들의 경험과 독서가 기본

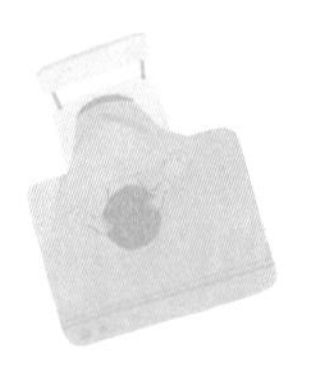

초등학생이 된 우리 아이가 듣기와 말하기를 잘하기 위해서 무엇이 가장 중요할까? 바로 경험과 독서다. 자기가 가지고 있는 경험이 풍부하고 할 이야깃거리가 많은 아이들, 그리고 독서를 통해서 많은 어휘와 생각을 가지고 있는 아이들에게는 듣기와 말하기가 결코 어려운 문제가 아니다.

아이들에게 많은 경험을 해주는 것이 좋다는 건 부모라면 다 알고 있다. 그래서 시내 곳곳 아이들의 체험 공간이나 활동 공간마다 아이들을 데리고 온 부모들이 참 많다. 여행지마다 아이의 손을 잡고 나선 부모들의 발길이 계속 이어진다. '이거 봐라, 저거 봐라' 하면서 아이들에게 하나라도 더 경험하게 해주고 싶고 알려주고 싶은 부모들의 설명도 계속 된다. 분명 이러한 노력들은 아이의 언어능력을 위한 기본적인 지식들을 채워 넣는데 큰 도움이 될 것이다.

무엇보다 이러한 직접 경험은 아이가 체험해본다는 점에 있어서 큰 의미가 있다. 직접 체험해보는 과정을 통해 어디에서도 겪어보지 못한 아이만의 특별한 경험이 생기는 것이다. 어려운 개념이나 사회 역사적 의미를 박물관이나 유적지 같은 역사적 공간을 한 번 방문해보는 것으로 채워 넣을 수도 있다. 직접 경험해야 정확하고 확실히 알 수 있다는 뜻의 '백문불여일견(百聞不如一見)이라는 말이 괜히 있는 게 아니다. 초등학교 아이들의 뇌는 추상적인 영역을 담당하는 부분이 아직은 덜 발달되어 있기 때문에 차라리 경험해보고 몸으로 부딪치며 느끼는 것이 더욱 오래 머릿속에 남게 된다.

언어능력에 있어서는 경험 자체가 중요하다기 보다 경험을 통한 기억과 그를 통한 소통과 대화의 방식이 더욱 중요하다. 그를 위해서는 기록이 필요하다. 공연이나 전시회를 보고 프로그램북이나 도록을 사오게 되면, 이후 기억이 희미해졌을 때도 다시 그 때의 경험을 되살릴 수 있다. 사진으로 담아오면 현장의 느낌이 생생해진다. 때로는 일기를 쓰는 방법도 있다. 초등학생만 되어도 개인 블로그나 SNS를 활용해 기록을 남기는 경우를 어렵지 않게 볼 수 있다.

그리고 아이의 언어능력을 위해 경험만으로 끝내지 말고 경험이 끝난 후 그것을 대화로 나눠보는 것이 꼭 필요하다. 같은 경험을 놓고 아이마다 기억하는 것이 다르고 의미 있게 생각하는 지점이 다를 수 있다. 혹은 상대방이 발견한 것을 듣고 자신은 미처 생각하지 못했다며 깜짝 놀라며 신기해하는 경우도 더러 생긴다. 그래서 경험을 통해서 서로의 생각을 나누는 과정이 더욱 의미가 있다. 또한 이런 저런 이야기를 하면서 서로의 경험을 나누어보는 것은 직접 경험해보는 것만큼이나 중요한 일이다.

그렇게 매 순간마다 어딘가를 떠나고 아이들과 무언가를 체험할 수 있다면 참 좋겠지만 그것은 쉬운 일이 아니다. 초등학생만 되어도 부모보다 더 바쁜 아이들, 그리고 부모도 바쁘기 때문에 아이와 함께 매번 주말이나 휴가 때마다 어디론가 떠나서 무언가를 체험하고 오는 것에 대한 부담은 결코 적지 않다. 가볍게 영화 한 편 보고 들어오는 것, 과학 전시관이나 고궁을 들렀다 오는 것도 하루 이틀이다. 어디를 갈지, 어떻게 갈지를 고민하는 것도 보통 일이 아니다.

경험을 굳이 '어딘가로 다녀오는 것'으로 생각할 필요는 없다. 경험은 직접 가서 이루어지기도 하지만 간접적으로 이루어지는 것도 많다. 우리는 프랑스에 가본 적이 없어도 파리의 에펠탑이 어찌 생겼는지 알고 있다. 미국에 가본 적 없어도 자유의 여신상이 어떤 의미를 가지고 만들어졌는지 아는 것은 어딘가에서 보았거나 읽어서 기본적으로 알고 있는 것들이 있기 때문이다. 모든 것을 직접 다 체험해보지 않더라도 다양한 수단으로 경험의 폭을 키워갈 수 있다.

이렇듯 사진이나 그림, 영상 등을 통해서 자신이 관심 있는 분야의 이야기들을 간접적으로 경험해볼 수 있다. 책을 읽으며 다양한 지식을 연결하는 과정에서 다양한 상상력을 발휘해서 마치 직접 눈으로 보고 경험하는 느낌을 가지게 된다. 그렇게 직접 체험한 것이 아니어도 이러한 간접 경험은 매우 의미 있다. 또한 직접 체험은 세부적인 내용이나 이론적인 배경까지 모두 포함하지 않고 보거나 경험하는 것이지만, 많은 간접 체험들은 배경 정보를 바탕으로 이론적인 설명들을 모두 포함해서 경험할 수 있는 장점이 있다.

직접 경험과 마찬가지로 간접 경험한 것들도 대화를 통해서 부모와 함께 정리해본다면 더욱 의미가 있다. 책을 읽거나 영상물을 통해 본 것을 어떤 사람은 어떻게 이해했고 나는 어떤 부분이 감명 깊었다, 이런 이야기를 서로 나눌 수 있다. 같은 공간을 함께 보았다는 것만으로도 많은 부분 소통의 고리가 만들어지고 모르는 이야기보다 훨씬 관심의 폭이 깊어지는 것을 알 수 있다.

우리가 제주도를 여행 간다고 할 때, 여행을 간 2박 3일의 직접 체험은 어딘가를 가고 어디에서 자고 무엇을 먹고, 이런 경험적인 것들에 초점이 맞추어져 있어 제주도 자체보다 '놀러 다니는 것'에 좀 더 집중되는 경향이 있다. 하지만, 제주도의 역사에 대한 동영상을 본다면 제주도의 백록담은 왜 그런 모양인지, 제주도에는 왜 구멍 난 돌들이 많은지 원리들을 이해할 수 있다. 직접 여행 때는 하기 힘들 수도 있지만, 간접 경험의 방식으로는 제주도 전체를 한꺼번에 체험할 수도 있다. 따라서 다양한 경험의 방식은 아이들에게 사고의 폭을 넓히는 좋은 수단이 될 것이다.

책 또한 경험의 방식이라는 점과 어휘력을 채워준다는 면에서 큰 역할을 할 수 있다. 책만큼 다양한 어휘를 접하게 해주는 매체도 없고, 문맥의 의미를 파악할 수 있게 트레이닝 효과를 확실히 해주는 것도 없을 것이다. 초등학생이 되면 읽기의 과정과 말하기, 듣기, 쓰기 모두가 깊은 연관을 가지기 때문에 독서의 방식이나 경험은 매우 중요하다.

책을 즐겨 읽는 아이들은 배경지식이 풍부하다. 그러한 배경지식을 바탕으로 자신의 생각을 좀 더 폭넓게 다양하게 이야기할 수 있다. 책에서 나온, 다른 아이들이 쓰지 않는 표현들을 적재적소에 쓰는 경우도 더러 확인할 수 있다. 이러한 표현들은 하루아침에 나오는 것이 아니다. 아이의 언어능력을 키우기 위한 가장 좋은 매개체는 바로 책이며, 초등학생이 되면 읽기가 더욱 원활해진다.

좋아하는 분야의 책을 다양하게 읽히면, 그 분야의 배경지식 만큼은 우리 아이를 따라올 아이가 없게 된다. 때로는 분야를 좁혀 집중적으로 독서하는 것도 좋은 방법이다. 다른 아이들보다 깊고 정확하게 알고 있는 지식들이 아이의 말하기 자료를 더욱 풍부하게 해준다. 그리고 전문적인 이야기가 나왔을 때 자신이 이미 알고 있는 분야이기 때문에 더욱 집중하기 좋다. 독서를 통해 기본적인 정보를 알게 되었다면, 다음은 그 이야기를 서로 나누어보는 것이 꼭 필요하다. "자석이 이런 원리를 가지고 있었더라고…", " 선거나 투표가 중요한 것이라는데 그 이유는…", "소화 기관이 이렇게 작동하고 있고 역할도 각자 다르더라고…" 이렇게 말해보는 것만으로도 아이에게는 자신이 읽은 책에 대한 내용을 정리해서 말하는 연습이 된다. 하지만 매번 아이가 읽은 책의 내용을 확인하려는 태도를 보인다면 아이에게 부정적 영향을 미칠 수도 있으므로 대화를 시도할 때 유의할 필요가 있다.

아이와 다양한 체험을 하는 것은 아이의 언어능력에 있어 매우 중요하다. 아울러 간접 체험과 독서 방식 역시 중요하다. 경험들이 언어능력에 긍정적인 영향을 줄 수 있고 듣기와 말하기 능력의 배경지식으로 잘 활용될 수 있으려면 부모와 함께 말을 해보거나 써보는 과정을 통해서 정리하는 습관이 필요하다. 적절한 검색만으로도 직접 체험 못지않은 좋은 경험들을 할 수 있으니 아이에게 많은 경험을 못 시켜주는 것은 아닌지 괜한 죄책감을 가질 필요는 없다. 경험을 나누는 연습의 대상은 부모가 될 수밖에 없다. 대화의 대상자가 되어주는 것만으로도 아이의 언어능력은 한층 성장할 것이다.

발표 자신감을 만드는 미리 쓰기

반장 선거에 나선 아이들 중에 어떤 아이들은 "친구들과 잘 지내는 반을 만들어보겠습니다" 하고 짧게 말하고 쑥스러워하며 자리에 돌아가기도 하고, 때로는 유머러스하게 "늬들 나 꼭 뽑아줘~"라며 애교스럽게 이야기하는 아이들도 있다. 또 어떤 친구들은 자신이 반장이 되면 무엇을 할 것인지와 관련된 발표문을 준비해서 꽤 긴 이야기를 논리적으로 말하기도 한다. 그래서 전교 회장 선거를 앞두고 꼭 당선되고자 하는 아이들은 스피치 학원에 간다거나 따로 연설 연습을 하는 경우도 생각보다 많다.

일상적인 말하기가 어렵지 않고 자유로운 아이들도 연설이나 발표의 과정이 있을 때는 막상 나서서 발표하는 것을 힘들어한다. 반면, 어떤 아이들은 앞에 나가서 발표하기를 두려워하지 않는다. 긴장하지 않고 발표를 잘하는 아이들은 이야기에 대한 자신감이 많아서 그런 것일까? 자신감이 전부일까?

다른 사람 앞에서 자신의 생각이나 입장을 밝히는 것은 쉬운 일은 아니다. 누군가의 앞에서 말해본 경험이 많은 아이들이 보통 이러한 경험들을 두려워하지 않는다. 따라서 발표를 하고 말을 많이 해본 친구들이 겁내지 않고 적극적으로 참여한다. 하지만 많은 아이들은 준비가 필요하다.

어른들은 외부에 발표를 할 때 PPT(Power Point)를 사용하는 경우가 많다. PPT는 강의의 큰 맥락을 짚어준다는 점이나 시각적인 정보를 통해서 청자들의 관심을 끌 수 있다는 점에서 좋지만, 사실 앞에 나서서 강의하는 사람의 입장에서는 든든한 '컨닝페이퍼'이기도 하다. PPT 화면을 보면서 내가 하고 싶은 말, 해야 할 말을 상기할 수 있기 때문이다. 때로 청자들은 보이지 않는 아래쪽 공간에 자세한 이야기를 추가해놓기도 하고, 따로 이야기할 내용을 정리해서 빽빽한 종이를 들고 발표하기도 한다. 많은 강의 전문가들도 매번 PPT 자료를 만들 때마다 한 페이지에 가득가득 이런저런 말들을 써놓고 싶다는 충동을 느끼게 된다고 한다. PPT에 적어둔 내용을 보며 읽기만 해도 어렵지 않게 강의 내용을 다 말할 수 있기 때문이다.

어른들이 이러한 만큼 아이들도 마찬가지다. 아무 것도 없이 앞에 나가서 무언가를 이야기해야 한다면 그 자체가 엄청난 부담감일 수도 있다. 앞에 나갔더니 '머릿속이 하얘졌다'는 말은 아이들도 어른들에게도 모두 마찬가지다. 여러 사람 앞에 서면 준비해놓았던 다양한 말이 하나도 생각나지 않는다. 긴장감 때문에 아무것도 보이거나 느껴지지 않을 수도 있다.

많은 사람들 앞에서 발표의 경험 특히 초등학교 저학년 시기의 경험은 꼭 성공적으로 이루어져야 한다. 특히 처음이 가장 중요하다. 어린이집이나 유치원과는 달리 학교에서는 공식적으로 이런 기회들이 종종 주어진다. 고학년이 되면서부터는 선거에 나갈 기회도 생기고 무슨 날마다 발표 대회들도 있고 수업 과정에서 토론과 발표도 자주 이루어지게 된다. 따라서 아이의 발표가 잘 이루어지고 칭찬받는 경험이 쌓이면 나중에는 자신감이 생기게 된다. 어느 자리에 나서서 이야기를 하더라도 크게 두려움을 가지지 않게 되는 것이다.

따라서 앞에서 해야 할 말이 중요하고 듣는 사람이 많다면 미리 써보는 것이 좋은 방법이다. 말하는 것보다 써보는 것은 자신의 입장이나 생각을 좀 더 일목요연하게 보여줄 수 있다. 머릿속에서 뱅뱅 도는 생각들을 끄집어내는 데도 여러모로 도움이 된다.

이렇게 말할 내용을 미리 한 번 써보면, 자신의 생각을 정리하는데도 큰 도움이 된다. 말과는 달리 글은 내용을 보강하거나 수정할 수 있고 삭제할 수도 있으며, 내용을 계속 다듬어갈 수도 있다. 자신이 하고 싶은 말을 우선 쭉 써보면서 내용들을 정리해가다 보면 자신이 하고자 하는 말들을 자신감 있게 드러낼 수 있다. 이때 글을 마치 작문을 하듯이 어렵게 쓰거나 처음부터 끝까지 완성된 형태일 필요는 없다. 하고 싶은 말의 의도와 생각이 잘 드러나는 형태면 된다.

아이들에게 쓰기는 자신이 하고자 하는 말을 정리하는 과정이다. 특히 아이가 생소하거나 중요한 내용을 발표해야 한다면 꼭 필요한 과정이다. 만들어진 연설문을 외우는 경우도 종종 생기지만 마음에 와닿지 않거나 발표하기 부담스러운 주제라면 아무래도 다소 부자연스러울 수도 있어서 말하기를 위해서라면 그다지 권할만한 방법은 아니다.

간단한 개요를 작성해보는 것도 좋은 발표문을 만드는 좋은 방법이다. 개요는 글을 쓸 때, 특히, 논설문이나 설명문 같은 논술에서만 쓸 수 있는 것이 아니다. 간단한 메모 형식의 개요라도 그것이 있고 없고의 차이는 크다. 물론 개요의 특성상 앞의 개요와 뒤의 개요 사이에 쓰인 간단한 몇 줄의 문장을 채워 넣는 것은 말하는 능력이자 화자의 몫이다. 그래서 아이가 개요를 작성할 때는 좀 더 세부적이고 자세하게 쓸 수 있도록 지도하는 것이 좋다. 그렇지 않으면 개요는 있지만 무슨 내용을 어떻게 말해야 할지 알 수 없는, 메모는 되어있지만 무슨 말을 해야 할지 모르는 상황이 될 수도 있다. 쓸 때는 다 알 것 같지만 전체적인 글의 내용을 외우는 것은 결코 쉽지 않다.

말하기를 위한 개요는 일반적인 글쓰기의 틀인 서론, 본론, 결론을 지켜주는 것이 좋다. 본론에서는 3~5가지 정도의 핵심 문장을 작성하고 그 문장을 뒷받침할 수 있는 문장들을 2~4가지 정도 쓰는 형태로 정리해야 한다. 우리가 발표를 할 때는 딱딱한 주제문만을 이야기하는 것이 아니라 예를 들거나 재미있는 이야기를 덧붙여야 할 때도 있다. 그래야 듣는 사람의 관심을 잡아끌 수가 있기 때문이다. 예시나 꼭 필요한 이야기는 따로 써두는 것이 좋다. 메모 형식으로 옆에 덧붙여두면 아이에게는 든든한 참고 자료가 되어 발표해야 할 내용을 절대로 잊어버리지 않게 된다.

아이가 발표를 준비할 때 부모는 이러한 측면들을 충분히 가이드할 수 있고 도움을 줄 수 있다. 초등학교 아이는 대부분 초보 발표자다. 사람들 앞에서의 발표를 처음 경험하는 경우가 많기 때문이다.

말하기를 준비하기 전에 미리 써보는 글이 좋으냐 개요가 좋으냐 하는 것은 아이들이 원하는 스타일을 따르면 된다. 시간적 절약이나 논리성을 위해서는 개요를 작성해보고 그를 바탕으로 글을 써보고 발표하는 것이 이상적이다. 하지만 어떤 경우에는 하고 싶은 말들을 우선 몇 가지든 쭉 써보고 그것들을 정리해서 개요를 만들 수도 있다. 사실 글의 문법이 아니라 자연스러운 말하기의 문법을 따르기 때문에 어떤 특별한 원칙이 있다고 보기는 어렵다. 이것이 단순히 쓰는 것이 아니라 '말하기를 위한' 쓰기이기 때문에 꼭 정해진 틀은 없다. 완벽한 성향의 아이거나 행간을 잘 채우지 못하는 경우, 내성적이고 소극적인 아이의 경우는 글을 써보는 것이 더 좋을 수 있다.

발표를 위한 쓰기를 할 때 지나치게 간섭하듯이 하기 보다는 적절히 조언하는 형태로 대화를 통해서 도움을 주는 것이 좋다. 시간이 없다는 핑계로 혹은 아이의 글이나 개요가 마음에 들지 않는다는 이유로 아이에게 다른 입장을 강요한다면, 오히려 이러한 의논을 하지 않게 될 수 있다. 아이와의 대화에는 매개체가 있어야 효과적인데, 이러한 발표를 같이 준비하는 경우 아이와 다양한 대화가 가능해지는 것은 덤이다.

이러한 준비 과정을 거쳐 아이가 발표를 할 때 격려해주고 칭찬해주는 것은 마지막 단계에 꼭 해야 할 일이다. 아이는 방법을 찾고 고민하면서 자료를 만들고 난 후 이를 발표하는 자리에 섰기에 적잖이 긴장한 상태다. 따라서 말하기 전 부모의 격려와 칭찬은 여러 사람 앞에서 말하기에 도전하는 아이에게 든든한 힘이 된다는 점을 잊지 않아야 한다.

금방 경험한 것, 아는 것, 잘하는 것부터

부모가 학교에 다니는 아이들에게 가장 많이 듣고 싶은 것 중 하나는 학교 상황이다. 수업이나 선생님 이야기는 물론, 친구 이야기나 급식 메뉴까지 소소한 이야기도 모두 궁금하다. 어린이집이나 유치원에 다닐 때는 선생님이 주시는 알림장도 있고 사진이나 활동 내용을 올리는 홈페이지도 있어서 이런저런 이야기들을 읽어볼 수 있었다. 아이가 어린이집이나 유치원의 일을 많이 보고하지 않더라도 큰 어려움 없이 아이들의 원 생활을 알 수 있었다.

그런데 학교는 다르다. 들을 수 있는 정보는 학교에서 가져오는 알림장이 전부고 학교생활을 짐작할 수 있는 것은 가정통신문 정도다. 몇몇 선생님들이 '밴드'나 '클래스팅' 등 다양한 수단으로 사진을 공유해주지만 빈도나 주기가 어린이집이나 유치원만 못하다. 학교에

1년에 두 번 있는 상담 시간에 가보면, 대략적인 아이의 상황을 들을 수 있지만 매일의 학교생활을 듣기란 쉽지 않다. 아이가 어떤 일이 있었는지 이야기를 해주면 참 좋으련만 미주알고주알 학교 일을 집에 와서 이야기해주는 친구들은 얼마 되지 않을 것이다.

어떻게 하면 학교의 일을 좀 더 잘 전달하고, 자신이 경험한 내용을 잘 이야기하는 아이가 될 수 있을까? 보통의 아이들이 자신의 경험을 잘 전달하는 것은 쉽지 않다. 특히 학교의 어떤 일을 부모에게 말하려면 최소한 몇 시간 전, 혹은 며칠 전의 일을 기억해야 한다. 그래서 아이들이 가장 잘 하는 말 중 하나가 "기억 안나요", "잘 모르겠어요"다. 정말 기억에 나지 않는 경우도 있겠지만 말하기 싫어서 그렇기도 하다.

생활 속에서 가장 쉽게 경험을 전달받을 수 있는 방법은 바로 부모와 해보는 것이다. 지금 당장 궁금한 것은 학교의 일, 부모와 함께 하지 않은 일들이겠지만 일단 연습은 부모와 함께 해본 일들부터 시작하는 것이 좋다. 부모와 함께 가까운 근교로 여행을 다녀왔다고 하자. 거기에서 낮에는 여러 관광지들을 둘러보면서 체험을 하고 숙소 근처에 와서는 고기도 구워먹으며 즐거운 시간을 보냈다. 이런 이야기들은 가족 여행에서 자주 있을 수 있는 일이다.

그렇게 즐거운 여행을 하고 돌아와서 이것저것 물건을 정리하거나 밤에 자리에 누워서 아이와 여행에 대한 경험을 이야기를 해보는 것이다. "우리 그 날 저녁에 뭐 먹었더라, 상추가 모자라서 누가 싫어했지? 밤에 무엇을 봤더라…"라면서 말이다. 아이는 부모와 함께 경험했던 일이어서 자신감 있게 이야기를 전달해줄 수 있고, 혹시 아이가 잘 기억하지 못하더라도 "아하, 맞아 그 때 밤에 강아지 데리고 온 옆집 사람들이랑 재미있게 놀았잖아", "삼겹살이 모자라서 배고프다고 해서 라면도 끓여 먹었잖아" 하면서 아이가 말을 잘 못하는 부분을 채워 넣을 수도 있다. 그러면 아이도 자신감을 가지고 그 다음 이야기를 이끌어 나가게 된다.

만약 자신의 경험을 기억해서 말하지 못한다면 사진이라는 매체를 사용하면 된다. 요즘은 핸드폰의 사진 기능이 무척 좋아져서 순간순간의 장면을 핸드폰에 찍어서 가지고 있는 경우가 많다. 그 사진을 꺼내어서 보여주면 아이들은 말로만 했을 때 생각하지 못했던 정보들을 기억해내서 이야기하기도 한다. 시각적 단서가 있느냐 없느냐 하는 문제가 아이에게는 기억을 되살려주는 열쇠가 되기 때문에 초등학생 아이들에게는 우선 말로 유도해보고 잘 되지 않으면 사진을 꺼내 보여주면서 아이의 기억과 말을 끄집어내는 것이 좋다.

만약 2박 3일 여행이 끝난 후 집에서 아니면 돌아오는 차편에서 이야기를 해도 아이가 말하는 것을 주저한다면, 매일 저녁에 해보거나 체험 또는 활동이 하나 끝났을 때마다 해보는 것도 방법이다. 저녁 식사를 하는 자리에서, 아니면 자기 전에 쉬면서, 수영장을 다녀온 다음에 이런저런 이야기를 해보는 것이다. 바로 직전의 일, 즉 기억하기 위한 시간을 줄인 상황에서는 아이가 더 많이 기억하고 더 잘 생각할 수 있다. 체험한지 얼마 되지 않았기 때문에 경험한 것들이 아이의 머릿속에 좀 더 생생하게 남아있다. 이런 대화를 시도할 때 부모가 '맞다, 틀리다'에만 집중하지 않고, 추임새도 넣어주고 같이 동조도 해주면서 아이가 말하는 것을 좀 더 신나게 할 수 있도록 격려하는 것이 좋다. 혹시 잘 기억하지 못한 부분은 부모가 자연스럽게 그 부분을 채워서 이야기해주면 된다.

그런데 여기서 아이가 자신이 경험한 내용을 확인받는 느낌이 들어서는 안 된다. 아이들이 뭔가를 확인받는다는 느낌이 들면 대답하기 불편해하고 싫어하게 된다. 따라서 부모가 먼저 이야기를 꺼내고 자신의 경험을 먼저 말하는 것도 방법이다. 아이에게 질문만 하고 아이의 답만 기다리고 있으면 아이가 경험하고 체험한 정보를 전달받기 쉽지 않다. 먼저 부모가 경험이 어땠는지, 기분이 어땠는지와 같은 이야기를 하면 아이도 덩달아 이야기를 하게 되는 경우가 많다.

경험한 내용을 잘못 말하거나 기억하지 못하더라도 아이에게 "그것도 기억 못하니?"와 같은 공격형 말투는 하지 않는 것이 좋다. 아이의 반감을 살 수도 있고, 아이의 입을 다물게 할 수도 있기 때문이다. 아이가 처음 말을 할 때처럼, 아이의 언어능력을 키우기 위해 기다리고 언어 자극을 주었던 것처럼, 초등학교 아이들에게도 그래야 한다. 부모의 인내심과 아이의 반응을 끌어내기 위한 언어 자극의 방법이 꼭 필요하다.

이렇게 부모와의 이야기, 혹은 가까운 시간의 이야기들에 대한 자신감이 생기고 정확도가 올라갔을 때 학교의 일이나 부모와 함께 경험하지 않았던 일들에 대한 이야기들을 시작하는 것이 좋다. 이때 부모가 먼저 회사의 일이나 모임에서의 일을 먼저 꺼내면 좋다. 그리고 대부분 "학교에서 별 일 없었니?"와 같은 단편적 질문보다는 "오늘 체육 시간에 뭐했니?", "영어 시간에 원어민 선생님은 무슨 옷을 입었니?"와 같이 구체적으로 물어보는 것이 좋다. 그래야 아이들도 학교생활에 대한 막연한 답보다 구체적인 답이 아닌 정말 우리가 궁금해하는 질문에 대해 말할 수 있다.

아이는 자신이 잘 알거나 좋아하는 것에 대해 말하고 싶어 하고 훨씬 신나게 이야기한다. 따라서 아이의 말을 이끌어낼 때는 좀 더 아이가 관심 있어 할 만한 주제를 찾는 것이 중요한데 아이가 평소에 잘 알거나 좋아하는 것을 찾아내는 것도 방법이다. 아이가 잘 말하고 경험한 것을 즐겁게 말할 수 있도록 기다려주고 격려해주는 것이 필요하다. 아이가 말할 수 있는 기회나 즐거움은 주지 않으면서 아이로부터 학교생활이나 부모와 함께 경험하지 않은 친구의 이야기를 잘 하도록 유도하는 것은 결코 쉽지 않다.

물론 이 과정에서 부모의 반응은 매우 중요하다. 아이가 자신이 좋아하는 게임 이야기를 할 때 "너 공부는 안하고 게임만 한 거야?" 또는 "공부나 해라" 하고 말하는 것은 아이가 말하는 것을 끊는 것과 다를 바 없다. 그렇게 부모에게 이야기를 끊겨본 경험이 있는 아이들은 앞으로도 대화를 잘 하려고 하지 않을 수 있다.

초등학교 고학년이 되면, 사춘기라는 최대의 장벽이 우리를 기다리고 있지만 이 시기의 자신의 경험을 잘 전달해본 경험이 있는 아이들은 자신의 이야기를 무조건 하지 않거나 피하지는 않는다. 언어능력을 키우기 위해서 뿐만이 아니라 부모 자녀 간의 소통 측면에서도 금방 경험한 것부터, 아는 것부터, 잘하는 것부터 이야기 하도록 돕는 것은 매우 중요하다.

초등 언어능력, 이것이 궁금하다 1

Q. 말할 때 혀 짧은 소리를 내는데 어른들이 귀엽다고 하니 고치려고 하지 않네요. 어떡하면 좋을까요?

우리가 보통 말하는 혀짧은 소리를 내는 아이들은 '했었어요'를 '했떴어요'와 같이 발음합니다. 아이의 발음을 잘 들어보면, ㅅ 발음 자체에 문제가 있는 경우가 있고 '귀엽다'는 주변의 피드백 때문에 아이가 습관화된 경우도 많습니다.

이때 다른 문장에서도 ㅅ 발음을 잘하고 있는지 유심히 살펴볼 필요가 있습니다. 만약에 사슴, 시소, 쓰레기통과 같이 다양한 ㅅ 소리를 잘 내고 있다면 혀 짧은 소리를 내는 것이 아이에게 습관화되어 있을 가능성이 높습니다. 초등학교 저학년을 지나면서 다른 친구들로부터 '아기 같다'고 놀림을 받을 수도 있기 때문에 잘 관찰하면서 고치도록 유도하는 것이 좋습니다.

초등학교에 입학했는데도, 아니 초등입학 전에도 ㅅ이나 ㅈ 계열 발음을 잘 못하는 경우라면 발음 연습이나 조음 훈련을 따로 받아야 될 수도 있습니다. 보통 ㅅ, ㅆ, ㅈ, ㅉ을 ㄷ이나 ㄸ으로 발음하는 경우가 많습니다. 가장 많이 하는 발음 연습 방법은 1음절의 사, 새, 시, 소, 수 등의 발음들을 정확하게 나올 수 있도록 유도하면서 단어, 그리고 문장 순으로 확장해가는 방법입니다. 아이가 좋아하는 노래에 맞춰서 발음 연습을 할 수도 있는데, 예를 들어서 "뽀로로가 노래해요 뽀롱뽀롱 뽀롱뽀롱"과 같은 뽀로로 주제곡에 맞춰서 "사사사사사사사사사 소소소소 수수수수" 하는 방법입니다. 집에서 이루어지는 발음 연습은 아이가 흥미와 재미를 가지고 연습할 수 있도록 하면 더욱 좋습니다.

초등학교에 입학하면 모든 발음을 잘할 수 있고 정확하게 말할 수 있습니다. 최소한 발음 때문에 못 알아듣는 경우는 없다는 뜻입니다. 따라서 아이의 발음을 잘 들어보고 친구들이나 처음 만나는 사람들이 잘 못 알아듣는다면 다시 한 번 잘 체크해보아야 할 것입니다.

Q. 다른 사람의 말을 잘 들으려 하지 않고 자기 말하기에만 급급해요.

자기가 말하는 것을 좋아하는 아이들이 있습니다. 자기주장이 뚜렷하고 개성이 강해 여러 가지 할 말들이 많은 아이들입니다. 그런데 남의 말을 잘 듣지 않고 자기 말 하는 것에만 집착하면 곤란해집니다. 처음에는 말이 재미있어 곁에 있던 다른 친구들도 자기 말을 듣지 않는 아이와 이야기를 나누고 싶을 리가 없습니다. 결론적으로 원만한 사회적 관계를 맺기 쉽지 않으리라는 것을 짐작할 수 있습니다.

언어능력은 말을 잘하는 능력이 아니라 "소통하는 능력", 즉 "대화하는 능력"입니다. 상대방의 말을 잘 들을 수 있어야 하고 그를 바탕으로 내 생각과 이야기도 잘 전달하는 능력입니다. 혼자서 말 잘하는 능력은 대화나 소통이 아니라 일방적인 '혼자만의 떠들기'에 불과할 수도 있습니다.

유재석이 안티가 거의 없는 국민 MC가 된 이유는 상대방의 말을 잘 듣고 경청하기 때문이라는 말이 있습니다. 상대방을 지적하고 무시하면서 웃기는 것이 아니라 상대방의 말을 잘 듣는 가운데 웃음 코드를 찾고 적재적소에 자신의 존재감을 드러내는 것입니다. 따라서 아이가 혼자 말하는 것을 좋아한다면 상대방의 말을 귀담아들을 수 있도록 도와주어야 합니다. 내가 상대방의 말을 들어주어야 자신의 말도 상대방이 들어줄 수 있다는 것을 알 때 아이의 언어능력은 한 단계 업그레이드 될 수 있을 것입니다.

언어능력을 채우는 '읽기'

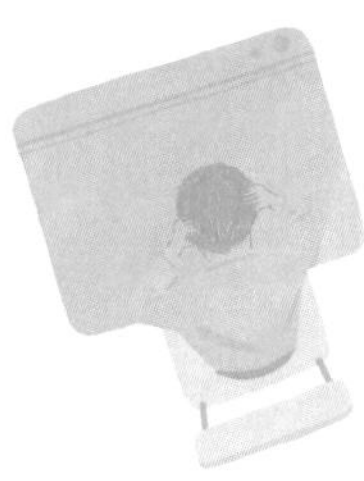

읽기 발달 과정

읽기 전 단계 : 영유아기

책을 읽는 것처럼 흉내를 낸다

책에 나오는 단어를 보거나 손가락으로 짚는 척하며 말을 한다

책을 읽을 때 종이를 한 장씩 넘긴다

초기 읽기 및 문자 해독 단계 : 초등 입학 전~2학년

한글을 소리 내어 읽을 수 있다

단어의 의미를 안다

자음 모음 하나 차이가 다른 단어를 만들 수 있음을 안다(물/풀이 다른 단어임을 안다)

문자와 음성 단어를 연결할 줄 안다('가' 소리를 들었을 때 ㄱ과 ㅏ를 조합할 수 있다)

자음과 모음을 자유자재로 조합하고 분리할 수 있다

유창하게 읽기 시작하는 단계 : 초2~3학년

정확하고 빠르게 읽기 시작한다

글자를 읽는 데 어려움이 없다

모르는 단어가 나오더라도 맥락상 뜻을 추정할 수 있다

문장 이해에 어려움이 없다

새로운 것을 배우는 단계 : 초등 고학년

충분한 배경지식을 가지고 있다

읽기를 통해서 지식과 경험을 얻을 수 있다

교과나 책의 내용을 잘 해석할 수 있다

읽기로 기본적 지식을 습득할 수 있다

다양한 관점이 생기는 단계 : 중등

이전보다 더 깊은 내용의 글을 이해할 수 있다(초등학교의 한국사와 고등학교의 한국사는 내용은 같지만 관점은 다양하다)

수준 높은 소설, 잡지, 신문을 읽고 이해할 수 있다

글을 통해서 나와 다른 관점을 받아들이고 이해할 수 있다

새로운 개념과 관점을 읽기를 통해 배울 수 있다

필요와 목적에 따라 읽을 수 있는 단계 : 고등

책이나 논문의 세밀한 부분까지 읽을 수 있다

글을 분석, 종합, 판단하며 읽을 수 있다

읽는 목적에 따라 끝, 중간 혹은 처음부터 읽을 수 있다

무엇을 읽지 말아야 할지를 안다

• 1장 •

우리 아이 읽기 능력, 어디까지 왔나

단어 읽기와 글 읽기는 다르다

아이들이 읽기를 시작하는 연령은 한글이라는 문자를 배우기 시작하면서부터다. 한글을 배우기 시작하면서 아이들은 더듬더듬 단어를 읽고 그것이 익숙해지면 몇 어절쯤 되는 문장들을 읽는다. 그렇게 우리는 단어로 시작해 문장을, 그리고 긴 글을 읽기 시작한다. 어른들은 노력을 거의 들이지 않고도 정확하게 낱말을 읽을 수 있다. 오랫동안 말을 하거나 들으면서 자연스럽게 문자의 소리와 형태를 파악하기 때문이다.

하지만 처음 한글을 배울 때의 아이들은 "아버지가 방에 들어간다"는 문장을 "아버지 가방에 들어간다"로 읽기도 한다. 머릿속에 문장을 구분하는 의미 단위가 정확하지 않고 문법도 완성되지 않아서 소리 나는 대로 문장을 읽어내기 때문이다.

그래서 말하고 듣는 과정이 잘 되어 있는 아이들의 대부분은 한글과 낱말을 읽는데 크게 무리가 없다. 읽기가 잘되는 아이들은 낱말을 읽기 위해서 낱말을 개별적인 소리로 굳이 분리하여 해석할 필요가 없으며 새로운 낱말을 읽을 때도 크게 어려움을 겪지 않는다. 우리가 생각하는 초등학생 이상 아이들의 읽기는 단어가 아닌 글이나 책을 읽는 것이다. 그래서 글자 하나하나는 잘 읽는데 왜 글을 잘 못 읽는지 모르겠다거나 단어는 잘 읽는 것 같은데 문장을 잘 읽지 못하는 어려움을 호소한다. 그런데 단어를 잘 읽는 아이들과 글을 잘 읽는 아이들이 가진 차이가 있을까?

읽기를 잘하기 위해서는 '단어 재인 기술'이라고 불리는 언어능력을 가지고 있어야 한다. 단어 재인 기술은 아이가 가진 어휘 목록에서 읽고 있는 문장에서 적합한 단어를 찾아내서 그 뜻을 해석하고 유추해내는 것을 말한다. 또 하나의 중요한 특성은 단어의 음소들을 변별해내고 정확하게 쓸 수 있어야 한다는 것이다. 예를 들어서 '밤'과 '방'은 ㅁ과 ㅇ이라는 자음 하나 차이지만 의미는 완전히 다르다.

읽기에 대한 어려움을 호소하는 많은 아이들이 철자 하나하나, 그리고 낱말을 읽는 것부터 힘들어한다. 때로는 낱말 하나하나로 되어 있을 때는 잘 읽는데 문장에 들어있는 낱말을 못 읽거나 엉뚱하게 읽는 경우도 있다. 새로운 낱말이나 어려운 어휘를 들었을 때 철자를 전혀 다르게 읽는 경우도 생긴다.

일반적으로 읽기는 단계적으로 발달한다. 처음 읽기를 배우는 아이들은 소리와 글자의 대응 관계를 깨닫기 시작한다. 또, 처음 읽기 시작하는 아이들은 띄어 읽기나 의미 단위별로 읽기와 같은 문법적 읽기를 잘하지 못하고 그냥 쓰인 대로 '읽어내기'만 한다. 이렇게 소리 나는 대로 읽는 문장 자체의 이해는 어려운 경우가 많다. 의미를 잘 모르고 한글을 읽는 것도 아직 부자연스럽지만 그냥 소리 내어 읽기만 하면 되는 단계다.

소리-글자의 대응이 이루어지면, 그 다음은 자음과 모음 단계로 넘어간다. 우리가 영어를 배울 때 일반적인 '파닉스의 규칙'에 따라 낱말을 읽게 되는 것과 마찬가지로 우리말도 철자를 보고 철자의 규칙대로 읽게 된다. 즉 새로운 어휘를 지속적으로 배우기 위해서는 철자를 어떻게 읽는지, 이러한 자음과 모음이 결합할 때 어떤 규칙을 가지고 있는지를 알아야 한다.

아이가 제대로 읽을 수 있는지 확인할 수 있는 방법 중 하나는 '무의미 낱말'이다. 우리에게 익숙한 가방, 책상, 의자와 같은 단어들은 통글자로 읽을 수 있다. 따라서 철자를 정확하게 읽어서 이러한 단어를 읽을 수 있는 것인지, 통글자로 읽는 것인지 구분하기 어렵다. 그러나 아무런 의미 없는 낱말, 예를 들어서 이쫑, 가빌오시, 바오궁, 채속그부리 등 글자를 임의로 만들어 읽으라고 했을 때, 아이가 완벽한 철자 지식을 가지고 있지 않다면 제대로 읽기가 어렵다.

한글을 처음 배우는 단계에 있는 아이들에게 철자가 얼마나 중요한지 확실히 느낄 수 있다. '가로 시작하는 말', '리로 끝나는 말' 혹은 '끝말잇기'와 같이 철자와 관련된 단어를 찾으며 노는 놀이가 결코 쉬운 일은 아니다. 어느 정도 음운적 지식이 있어야 가능하고, 철자와 관련해서까지 명확한 끝말잇기를 하려면 자음과 모음에 대한 지식이 있어야 가능하다. 그리고 이러한 철자에 대한 지식을 바탕으로 '가에서 ㄱ을 빼면 아, ㄱ을 ㄴ으로 바꾸면 나'와 같이 다양한 음소의 분리와 결합의 문제를 해결할 수 있게 된다. 따라서 글의 노출 정도, 양과 질, 철자에 주의를 기울이고 기억하는 능력이나 성향 등은 아이의 읽기 기술을 더욱 발전시킬 수 있다.

이러한 측면에서 보면 단어를 정확하게 읽는다는 것은 음소, 즉 자음과 모음을 결합해서 읽는다는 것이다. 우리가 한글을 배울 때 통글자를 배우더라도 결국 자음과 모음을 알아야 하고, 자음과 모음을 붙이기도 하고 떼어내기도 하면서 다양한 단어들을 만들어보는 과정이 꼭 필요하다. 그래야 어떤 단어나 문장이 나왔을 때 소리 내어 읽을 수 있게 되는 것이다. 그런데 우리는 단어들을 읽을 때 개인이 가지고 있는 어휘 목록에서 그 뜻을 끄집어내 해석하고 이해하게 된다. 그런데 이러한 단어들의 뜻은 사전적 의미와 같을 수도 있고 조금은 다를 수도 있다. 개인이 가지고 있는 어휘는 개인적 경험이 녹아있을 수도 있지만 다른 사람들과 조금은 다른 연결 관계를 가질 수도 있기 때문이다. 그래서 글을 처음 읽는 단계에서는 단어를 생각할 때 어떤 '이미지'를 떠올리면서 단어를 해석하게 된다.

예를 들어서 신발이라는 단어를 생각해 보자. 신발을 사전에서 찾아보면 '땅을 딛고 서거나 걸을 때 발에 신는 물건을 통틀어 이르는 말'이라고 나온다. 우리가 이렇게 사전적 의미를 강조하지 않더라도 일반적으로 신발은 '발에 신는 물건'이라고 생각한다. 하지만 아이들이 각각 '신발'이라는 말을 떠올렸을 때 생각하는 신발의 이미지는 다를 수 있다. 어떤 아이는 운동화를 또 어떤 아이는 구두를 떠올릴 수 있고, 빨간색 · 파란색 · 노란색과 같이 색깔도 다양하게 생각할 수 있다. 혹은 아빠가 사준 신발을 생각할 수도 있고, 어제 잃어버린 운동화를 떠올릴 수도 있다. 단어는 같지만 각자가 떠올리는 신발의 이미지는 다르다.

그러면 문장을 해석하는 것은 이와는 어떻게 다를까. 무엇보다도 단어를 해석하는 능력보다 훨씬 더 복잡하리라는 것은 예측할 수 있다. 단어와 단어를 연결하는 데는 다양한 방법이 필요하다. 혹시 단어의 뜻을 잘 모르더라도 종종 문장 안에서, 혹은 앞뒤의 문장 안에서 그 뜻을 생각해보게도 되고 대충의 의미를 채워 넣을 수 있다.

다시 앞의 '신발'의 이야기로 돌아가 보자. 만약 신발의 뜻을 정확하게 모른 채 '철수는 새 신발을 신고 운동장을 신나게 뛰어갔다. 어제 아버지가 사주신 신발이었다.'라는 문장을 읽었다. 신발의 의미를 모른다고 해도 달린다는 상황을 생각한다면 '발에 신는 것'이라는 이미지를 떠올릴 수 있다. 그런데 만약 읽고 있는 글이 옛날이야기라고 한다면 아이들은 짚신이나 고무신 같은 '옛날 신발'을 떠올릴 것이다. 결국 문장을 읽고 이해한다는 것은 단어보다는 좀 더 다양한 지식과 경험을 바탕으로 이루어져야 하고 좀 더 정확한 의미를 알아야 가능한 것이다. 그래서 좀 더 어렵고 좀 더 복잡하다.

문장보다 이야기를 읽는다는 것은 더욱 복잡한 형태다. 문장을 읽는 것보다 훨씬 더 많은 독자의 배경지식과 경험이 다양하게 작용해야 하기 때문이다. 이야기는 주체가 있고, 목표가 있고, 설명하고자 하는 대상이 있다. 익숙한 사건이나 이야기들은 좀 더 받아들이기 편하고, 낯설거나 새로운 이야기들이 해석 자체가 어려운 것은 배경지식과 관련된다. 아무리 쉽게 쓴다고 해도 관심조차 없는 분야는 아이들이 읽기에 어렵기 마련이다. 이해 능력이 좋지 않은 아이가 단어는 읽을 수 있지만 글을 읽는 데는 어려움을 겪게 된다.

단어를 잘 읽는 아이들이나 문장을 잘 읽는 아이라 해도 이야기를 잘 읽는 능력은 부족할 수 있다. 뒤로 갈수록 이해해야 할 폭이 늘어나기 때문에 점점 어려워지는 것이다. 아이에게 단어 읽기와 글 읽기는 완전히 다른 과제다. 단어 읽기에서 생각해야 할 언어능력과 글 읽기에서 생각해야 할 언어능력은 그 차원이 완전히 다르다. 우리 아이의 단어 읽기에 문제가 없다면 문장 읽기, 단락 읽기, 글 읽기 순서로 단계별로 나아가는 과정도 필요하다. 아울러 우리 아이의 읽기가 문제가 있는 것 같다면 어디에서 문제가 있는지, 단어인지 글인지 명확하게 살펴봐야 한다. 부모의 관찰이나 판단이 어렵다면 전문가의 도움이 필요할 수도 있다. 정확한 읽기 진단이 필요한 이유, 초등 언어능력은 읽기가 많은 부분을 채워나가기 때문이다.

작업 기억과 집중력이 필수

우리는 흔히 읽기의 과정을 '글자를 읽는 것'으로 생각하기 쉽다. 그래서 읽기가 잘 되지 않는 아이들을 보고 '글자도 잘 읽는데 이상하다' 하고 생각하게 된다. 하지만 읽기의 과정은 말하기보다 훨씬 상위적인 처리 과정을 가지고 있으며, 집중하지 않으면 제대로 이해가 되지 않는다. 글을 집중해서 잘 본다는 것은 단순히 철자만 읽고 이해하는 능력이 아니라, 글 전체를 읽고 이해하는 능력인 읽기를 제대로 한다는 것이다. 글을 잘 읽는 아이들은 내용을 충분히 이해하고 글쓴이의 의도와 생각을 파악하면서 읽는다. 그런데 일반적으로 아이들의 언어 수준과 읽기의 수준은 다를 수 있다. 이렇게 읽기의 수준이 다르게 나타나는 이유를 우리는 두 가지에서 찾을 수 있다. 듣기와는 다르게 읽기는 눈으로 읽고 머릿속으로 이해하는 여러 가지 과정들이 동시에 일어나는데, 읽기를 유지하기 위해서 가장 필요한 것이 바로 기억력과 집중력이다. 이 두 가지의 차이가 글 읽기의 차이를 만들어 낸다.

읽기를 처리하는 능력은 '작업 기억'이라고 불리는 영역이 크게 좌우한다. 작업 기억은 정보를 저장하고 동시에 다른 정보를 처리할 수 있는 능력으로 언어능력과 인지능력 모두에 영향을 준다. 이는 '무언가를 잊어버리지 않고 잘 기억한다'는 기억력이나 흔히 지능이라고 하는 IQ와는 조금은 다른 영역이다. 작업 기억은 기억과 함께 정보에 대한 처리 능력을 포함하고 있기 때문이다.

이야기를 읽는다는 것은 끊임없이 정보가 아이들에게 유입되는 과정이다. 문장의 의미를 즉각적으로 파악하고, 그 의미를 기억함과 동시에 뒤이어 나오는 어휘와 문장을 해석하고, 의미를 이해하면서 문장과 문장을 연결해야 한다. 아이들이 글을 읽을 때 한 문장을 읽고 그 뜻을 생각한 뒤 기억하고 해석하고 또 한참 쉬었다가 다음 문장을 읽는 것이 아니다. 우리는 인식하지 못하지만 이 모든 과정이 동시에 그리고 순식간에 일어나게 된다. 이를 위해서 작업 기억이 꼭 필요하다.

그런데 유독 다른 아이들보다 이러한 기억의 크기가 작거나 속도가 느린 아이들이 있다. 글을 읽을 때 이러한 처리 과정이 즉각적이고 빠르게 일어나지 않는다면 아이가 원활하게 글을 읽을 수 없으며, 읽는 자체에만 너무 몰두하게 되어서 글을 이해할 수 없다.

이렇듯 기억의 문제가 중요한 것은 글을 읽을 때 앞의 내용이나 앞의 맥락을 놓치지 않아야 하기 때문이다. 소리 내어 읽는 것은 잘하더라도 앞의 내용과 뒤의 내용을 연결해서 기억하지 못하면 글 전체 맥락을 파악하기 어렵다.

한 권의 책이든 한 단락의 글이든 읽기를 완성하는 것은 집중력이다. 어떤 아이들은 자리에 앉아서 몇 권씩의 책을 읽어내려간다. 어떤 아이들은 한 장만 읽어도 몸을 배배 꼬면서 힘들어한다. 이러한 집중력은 우리가 흔히 이야기하는 '엉덩이의 힘', 즉 의자에 오래 앉아 있는 힘과는 조금은 다르다.

오래 앉아 있다고 해도 만약에 열심히 집중하지 않는다면 뇌의 처리 속도는 느려진다. 효율성도 떨어지고 속도도 나지 않는다. 같은 글을 읽는데 오랫동안 한 페이지에 머물러 있는 아이도 있다. 그런데 오랫동안 읽는 아이가 글을 더 잘 이해했는가는 또 다른 문제다. 빠르게 읽은 아이들 중에 오히려 그 내용을 더 잘 이해하는 경우도 있다.

흔히 글을 읽을 때 이정도 분량을 몇 분 안에 읽어야 대입 시험의 언어 영역을 어렵지 않게 치를 수 있다는 이야기를 한다. 집중력이 좋은 아이들은 훨씬 더 글을 많이 읽을 수 있고 이해도도 좋다. 집중력 있게 한 번에 긴 호흡으로 읽어야 글을 잘 읽을 수 있고 이해도 잘 된다.

책 읽는 집중력은 하루아침에 생기는 것이 아니다. 글에 대한 집중력을 위해서는 아이가 쉽게 읽고 재미있게 읽을 수 있는 내용의 글부터 읽도록 하는 것이 좋다. 한 챕터 잘 읽기, 한 권 끝까지 읽기와 같이 글에 대한 집중력을 발휘해본 아이들은 다음 책을 즐겁게 잘 읽을 수 있다. 이렇듯 평소에 집중해서 책을 읽는 경험을 쌓는 것은 매우 중요하다.

글에 대한 집중력은 글을 정확하게 이해하고자 하는 욕구에서 나온다. 논설문이나 설명문같이 내용에 대한 이해가 필요한 글은, 글의 단락을 핵심 문장과 그를 뒷받침 하는 문장으로 구별하는 것이 가장 빠르고 정확한 방법이다. 그런데 글을 읽어가면서 핵심 문장을 빠르게 찾는 능력은 하루아침에 생기지 않는다.

초등학교의 교과서 내용이나 설명문, 논설문의 경우 단락의 핵심 문장은 대부분 단락의 가장 앞 문장이거나 가장 뒷문장인 경우가 많다. 그 핵심 문장들을 하나로 연결하면 글의 전체적인 줄거리가 된다. 소설같이 이야기가 있는 글들은 주인공이 겪게 되는 사건 하나하나를 연결하면 전체적인 이야기가 된다. 이러한 글의 흐름을 놓치지 않는 방법이 바로 집중력이다.

읽기가 제대로 이루어지기 위해서는 기억력과 집중력이 꼭 필요하다. 기억력과 집중력은 읽기를 원활하게 하는 기초 공사와 같다. 이해능력이나 어휘력과 같이 읽기에 도움이 되는 것들을 받쳐주는 역할을 하는 것이다. 아무리 글자를 잘 읽을 수 있고 문자에 대한 해석력이 뛰어난 아이라도 작업 기억과 집중력이 제대로 역할을 못하면 글을 끝까지 읽고 이해하는 데 한계가 생긴다. 따라서 아이가 글을 읽는 태도를 유심히 살펴보고 이해하는 데 어려움은 없는지, 글 하나를 충분히 읽을 수 있을 정도로 집중력을 잘 발휘하는지 확인해볼 필요가 있다.

'얼마나'가 아니라 '제대로' 읽어야 한다

아이가 초등학교에 입학하기 전부터 부모는 아이가 얼마나 많은 양을 읽는지에 초점을 맞추고 있다. 거실에 책장이 가득한 집, 1년에 몇 백 권을 읽는다는 집 등이 우리의 호기심을 끈다. 도대체 얼마나 읽어야 다른 집 아이들 읽는 것만큼 읽는 것인지, 그리고 우리 아이가 읽는 양은 얼마나 되는 것인지 많이 불안하고 걱정되기도 한다. 그래서 집에 전집을 들이기도 하고 권장 도서를 검색해보며, 아이와 함께 도서관을 방문하기도 한다. 초등학생만 되어도 독서 토론 수업이니 논술 학원이니 글 읽기와 글쓰기에 관련된 많은 수업들에 참여하는 경우도 많다. 이렇듯 읽기에 관한한 부모는 늘 불안감을 가지고 있다.

초등학교에 입학하면 '독서 기록장'과 '읽은 책 목록 쓰기'가 시작되고 학교 도서관의 책을 빌리고 반납하는 과정도 경험한다. 책을 많이 읽고 독서 기록장을 많이 작성했거나 도서관 책 대출이 많은 아이들에게 학교에서 상장을 주며 격려하기도 한다. 그러고 보면 대부분 학교에서 이루어지는 읽기 교육의 시작은 얼마나 책을 열심히, 충실히 읽었느냐가 아니라 얼마나 많이 읽었는가에 초점을 두는 것 같다. 책 읽기조차 이렇게 줄을 세워야 하나 싶을 정도다. 그래서 상장을 받고 싶거나 교사의 칭찬을 받고 싶은 아이들은 읽지도 않은 책 목록을 쓰기도 하고 책을 대충 넘긴 후에 독서 기록장에 써놓기도 한다. 어찌 보면 학교에서 이루어지는 읽기 교육이 양에 좀 더 집중하고 있는데 사실 아이들에게 중요한 것은 '잘' 읽는 것이다.

읽기에서는 '제대로' 잘 읽었는가가 매우 중요하다. 읽기는 듣기와 같은 글의 이해 수단이다. 필자가 전달하고자 하는 바를 써놓은 글을 읽고 필자의 의도나 생각, 주제를 파악하는 것이 곧 읽기와 관련된 가장 중요한 언어능력 중 하나다. 글자 그대로를 정확하게 읽는다고 해도 글을 통해서 그 의도나 생각을 파악하지 못한다면 읽은 것이 아무런 의미가 없을 수도 있다. 그래서 부모들은 아이가 글자 뜻 그대로만 이해하고 글로 나와 있지 않은 부분에 대한 추론을 어려워하는 것을 보고 이해력을 걱정하기도 한다. 이렇게 보면 글을 제대로 읽는다는 것은 글 자체를 철자와 문법에 맞게 적절한 속도로 잘 읽어내는 것뿐만 아니라 내용 자체를 이해하는데 어려움이 없다는 뜻이기도 하다.

처음 '제대로' 읽어내기 위한 과제들은 아이에게 성취감을 불러일으킬 수 있어야 한다. 그래야 다음에 또 도전할 용기가 생긴다. 아이가 읽기에서 자신감을 가지는 것이 이후의 읽기가 제대로 이루어지기 위해서 무엇보다 중요하기 때문이다.

처음부터 자기 수준에 맞음직한 긴 내용의 책을 멋지게 읽어 내려가는 아이는 극히 드물다. 따라서 아이에게 적당히 쉽고 재미있는 읽기 과제를 선택하고 이를 자연스럽게 건네는 과정들이 반드시 필요하다. 때로는 아이가 직접 과제를 고르게 하는 것도 방법이다. 다소 유치하고 영유아들이 보는 책처럼 수준이 쉬워보여도 아이의 선택을 존중해주어야 한다. 그러다보면 아이의 읽기를 지지하고 응원할 수 있게 된다.

그렇다면 글을 '제대로' 읽지 못하는 아이들의 경우 어떤 어려움을 가지고 있을까? 무엇이 아이들의 제대로 읽는 것을 방해할까? 첫째, 제대로 잘 읽기 위해서 중요한 것 중 하나는 어휘력이다. 얼마나 많은 단어를 알고 있는지, 또래만큼의 어휘 수준을 가지고 있는지가 매우 중요하다. 아이가 자신의 언어능력 이상의 글이나 책을 못읽는 것은 지극히 당연하다. 아무리 쉽게 풀어쓴다고 해도 생소한 분야나 관심 없는 쪽의 이야기는 읽어도 이해가 되지 않는다. 중간 중간 나와 있는 단어들의 뜻을 이해할 수 없다면 글 자체 또한 제대로 이해할 수 있을 것이라고 생각하기는 어렵다.

둘째, 생각하는 능력이 부족한 아이들도 있다. 사고력이라고 불리는 이 영역은 주변 사물에 대한 끊임없는 관심으로부터 비롯된다. 글에 대한 이해나 인식이 부족한 아이들은 글의 내용에 대해 생각하려고 하지 않는다.

셋째, 문장 간 연결이나 글의 흐름을 제대로 쫓아가지 못하는 경우도 있다. 단편적인 문장이나 지식들은 잘 받아들이면서도 이것이 이야기로 구성되면 어려워하는 경우다. 글의 구조를 정확하게 파악하지 못하거나 원인-결과 등에 대한 글의 인과 관계를 힘들어하는 아이는 글을 제대로 읽어내기 어렵다.

넷째, 부모나 학교 등의 많이 읽기, 즉 다독에 대한 요구다. 많이 읽는 것만을 중요시하는 지금의 독서 문화가 바뀌지 않으면 사실 쉽지 않은 문제일 수도 있다. 내용에 대한 충분한 이해나 생각들이 정리될 수 있도록 다양한 방법의 읽기 자극이 필요하다.

제대로 읽게 하기 위해 내용을 지나치게 매번 확인하는 것은 오히려 역효과를 불러일으킬 수도 있다. "주인공이 누구야?", "뭐하는 사람이라고?", "어디에서 누굴 만났다고?" 한 페이지를 읽을 때마다, 혹은 한 챕터를 읽을 때마다 이런 식의 질문 공세를 받으면 아이가 잘 읽을 수 있을까? 아마 읽는 것에 대한 부담이 너무 커져서 아이가 제대로 읽기 힘들 것이다. 부모들은 숙제를 위한 독서나 책 읽기를 위한 프로그램의 경우 어쩔 수 없이 이런 것들을 확인하게 된다고 말한다. 그런데 이것이 지나치게 반복되면 읽는 것 자체를 싫어하게 될 수도 있다.

'제대로' 읽는다는 것은 내용에 대한 정확한 파악도 중요하지만 감정도 중요하다. 책이라면 『플란다스의 개』를 읽고 주인공의 이름이 무엇인지, 개의 이름이 무엇인지에 대한 대답을 하는 아이보다 책을 덮고 눈물을 글썽거리며 '엄마, 결국 하늘나라로 가버렸어…… 너무 불쌍해' 하는 아이가 제대로 읽었다고 할 수 있지 않을까?

그래서 책을 집중해서 읽는 동안은 아이에게 별다른 질문을 하지 않고 기다려주는 것이 좋다. 중간중간 내용을 확인하는 것이나, 잘 읽는지 체크하는 것은 아이의 즐거운 독서를 방해할 수도 있음을 잊어서는 안 된다.

다른 사람의 의견을 경청하고 이해하기 위해서 꼭 필요한 것이 읽기이고 그러기 위해서는 그냥 읽는 것이 아니라 '잘' 읽어야 한다. 말을 할 때 잘 들어주고 진심으로 반응하는 청자 앞에서 말을 좀 더 신나서 하게 되듯이, 글에서 작가의 의도를 충실하게 이해하고 파악하기 위해서는 '제대로' 읽는 과정이 필요하다.

가장 이상적인 것은 아이들의 읽기의 양도 많고 질도 높은 것이다. 그중에 하나를 굳이 꼽자면 읽기의 질, 즉 제대로 읽는 것이 더 중요하다. 잘 읽는 것이 습관이 된 많은 아이들은 앞으로 많이 읽을 수도 있다. 자기가 좋아하거나 관심 있는 분야를 확실하게 읽은 아이들은 그 분야에 대해서만큼은 심화된 읽기로 나아갈 수도 있다. 초등학교 시기는 많이 읽는 것에 대한 강박 관념을 잠시 내려놓고 우리 아이가 제대로 읽고 있는지 다시 한 번 살펴보는 것이 꼭 필요하다. 조금 적게 읽더라도 글에 대한 흥미와 관심을 가질 수 있다면 그것으로도 충분하다.

• 2장 •

읽기에 문제가 나타나는 이유

다양한 읽기 경험의 부족

언어능력의 모든 것이 학습이고 연습이지만 읽기만큼 많은 경험을 필요로 하는 것은 없다. 읽기뿐만 아니라 듣기와 말하기 언어의 숙달이 매우 중요한데, 언어능력이 기반이 되어야 언어의 이해력도 완성되기 때문이다.

읽기와 관련된 언어능력은 어휘, 문장, 문단에 대한 이해력을 포함한다. 어휘와 문장에 대한 이해는 기본이고 단락 이상으로 넘어가는 이해력은 조금 더 차원이 높은 언어능력이라고 볼 수 있다. 보통 읽기라 하면 단락 이상의, 혹은 책과 관련된 읽기를 지칭하며 이때 많은 언어 인지 능력을 바탕으로 이해력이 발달하게 된다.

읽기는 활자로 되어 있는 언어를 이해하는 것이다. 읽기에 필요한 것은 크게 두 가지인데, 하나는 낱말 읽기이고 둘째는 언어에 대한 이해력이다. 이러한 읽기 이해력은 잘 읽는 것, 즉 읽기 유창성에도 좋은 영향을 미친다.

외국의 연구에 따르면, 초등학교 1, 2학년에는 낱말 읽기가 상대적으로 더 중요하지만 고학년에는 언어능력의 차이가 읽기 이해력에 더 영향을 주는 것으로 나타났다. 특히 중학생과 그 이상의 학생들에게는 언어능력의 개인별 차이가 읽기 이해력의 차이를 좌우한다고 한다.

우리나라의 경우에는 아동의 언어능력의 차이가 읽기 이해력에 더 많은 영향을 미친다고 보고되었으며, 많은 경우 저학년 시기부터 이미 영향을 미치기 시작하는 것으로 나타났다. 아마도 우리나라는 대부분의 아이들이 낱말 읽기 능력을 많은 부분 갖추고 학교에 입학하기 때문인 것으로 보인다.

초등 저학년에 일부 차이가 나더라도 어느 정도 학년에 이르면 많은 아이들의 낱말 읽기 능력은 필요 수준으로 발달하게 된다. 학년이 올라갈수록 복잡한 글 구조를 이해해야 하므로 언어능력의 차이가 읽기 이해력의 차이를 만든다.

어릴 때부터 책 읽기를 좋아하지 않았던 아이라면 커서 책을 가까이 하기는 쉽지 않다. 때로는 많은 노력을 필요로 하기도 한다. 이외에도 책의 여러 좋은 점 때문에 어릴 때부터 많은 부모들이 책의 노출을 늘리기 위해서 노력을 기울인다. 이렇게 글을 많이 접하는 아이와 그렇지 않은 아이의 가장 큰 차이는 글의 중심에 놓여있는 문어체 문장에 익숙해지느냐 그렇지 않느냐에도 달려있다. 다음의 두 이야기를 비교해보면, 문어체 문장에 익숙해지는 것이 얼마나 중요한지 확인할 수 있다.

"옛날 옛날에 개구리 왕자가 살고 있었대. 그런데 이 왕자는 원래 개구리가 아니라 나쁜 마녀의 마법에 걸려서 변했다는 거야. 개구리는 사랑하는 사람을 만나야 다시 왕자로 돌아갈 수 있다고 해. 그런데 아가씨들이 개구리를 좋아할 수 있었겠어? 가까이 오기만 해도 아악! 소리 지르면서 징그럽다고 던져버리고 도망가고…… 그치?"

"옛날 한 나라에 개구리 왕자가 살고 있었습니다. 그런데 개구리 왕자는 원래 개구리가 아니었습니다. 왕자는 안타깝게도 마녀의 마법에 걸려서 개구리가 되었던 것입니다. 개구리 왕자가 다시 사람으로 돌아갈 수 있는 유일한 방법은 바로 사랑하는 사람을 만나는 것이었습니다. 하지만 이 개구리 왕자가 왕자인줄 모르는 아가씨들은 개구리들이 가까이 오기만 해도 모두 징그럽다며 개구리를 내동댕이치거나 도망가기 바빴습니다."

글에 쓰이는 언어는 일상 언어와는 다른 형태를 가진다. 같은 내용을 전달하는 두 글을 비교해보면 그 차이가 확실해진다. 이렇게 글에 쓰이는 문체를 문어체라고 하는데 문어체를 읽고 이해하는 것은 좀 더 고차원적인 언어능력이 필요하다. 어려운 어휘와 복잡한 구문이 담긴 글을 읽고 이해하는 초등학교 고학년 이상이 되면 언어능력, 특히 상위적인 언어능력이 더욱 중요해질 수밖에 없다. 그래서 다양한 문장과 글에 대한 읽기 경험이 매우 필요하다.

읽기에 있어서도 언어 환경의 노출은 중요하다. 어릴 때부터 언어 환경의 노출이 얼마나 중요한지는 너무도 잘 알고 있다. 그런데 읽기에 있어서도 마찬가지다. 아이의 주변 언어 환경 즉 가정, 학교 등에서 사용하는 언어가 얼마나 다양하고 풍부한가에 따라 아이의 언어능력이 영향을 받게 된다. 이러한 언어능력에서 가장 중요한 점은 반복적 노출이다. 아이가 많은 어휘를 배우려면 다양한 환경에서 다양한 어휘에 노출되어야 한다. 또한 읽기를 위해서는 문어체로 된 문장구조와 언어를 잘 이해하고 사용할 수 있어야 하는데, 이 역시 읽기 경험에서 나오는 것임을 간과해서는 안 된다. 이렇듯 풍부한 언어 환경은 아이들의 언어 발달을 촉진할 뿐만 아니라 읽기 이해력에도 큰 영향을 준다.

아이들이 읽기 경험이 부족하다면 혹시 너무 어려운 글을 읽으라고 강요하지는 않았는지, 부모는 하지 않으면서 아이에게만 읽으라고 하지는 않았는지 되돌아볼 필요가 있다. 읽기에 재미나 흥미가 없는 경우, 아니면 읽는 주제가 자신의 관심사가 아니어도 제대로 읽기가 어렵다.

읽기를 잘하기 위해서는 다양한 읽기 경험이 필요하다. 글을 제대로 읽지 못하는 아이들에게 부모나 교사가 글을 읽어주는 것도 좋은 방법이다. 글에 사용된 어휘나 문장 구조는 일상생활에서 사용하는 언어보다 더 딱딱하다. 책을 자주 읽어주다 보면 글에 사용된 다양한 어휘와 문장 구조를 익힐 수 있다. 이러한 어휘와 문장 구조가 익숙해지면 다른 글들을 읽는 것에도 큰 어려움이 없어진다. 내용만 읽어주는 것이 아니라 더 나아가 언어를 확장해주고 아이의 경험을 넓혀줄 수 있는 대화를 곁들인다면 더욱 좋다.

또 하나의 방법은 아이 자신이 직접 글을 읽는 것이다. 어릴 때 부모가 읽어주는 책, 다양한 독서의 경험이 있는 아이들은 다양한 방법으로 글을 읽는 것에 인색하지 않다. 글을 읽는 경험이 아이에게 언어 환경을 제공해주고 잘 다듬어진 언어들에 노출하는 수단이 된다. 책을 읽는 양이 늘어날수록 다양한 어휘와 표현을 접하게 되고 반복적으로 노출된다면 이런 어휘들이 자연스럽게 학습된다. 스스로 읽는 것이 가능해지면, 좀 더 즉각적이고 적극적인 방법으로 글에 노출될 수 있어 언어능력의 발달을 가속화시킬 수 있다. 그리고 다양한 장르의 책들을 보여주는 것이 좋은데, 동화나 이야기뿐만 아니라 설명문이나 과학책 같은 다양한 글을 읽을 수 있다면 더욱 좋다. 이렇듯 읽기 경험이 다양한 글의 장르로 연결될 때 더욱 의미가 있다.

읽기가 어렵거나 잘 안된다면 읽기 경험이 부족한 것은 아닌지 다시 살펴볼 필요가 있다. 읽기 경험은 아이가 직접 읽어야 하는 것만으로 생각할 수 있다. 하지만 혼자 읽기를 싫어하거나 부담스러워하는 아이, 처음 읽기를 시작해 유창하게 읽지 못하는 아이라면 부모가 읽어주면서 아이가 눈으로 함께 따라 읽는 방법도 있다. 즉, 눈으로는 읽고 귀로는 들으면서 글의 내용을 이해하도록 하면 된다. 아이의 풍부한 읽기 경험은 읽기 실력으로, 더 나아가 언어능력을 키워낸다. 또한 많이 읽어본 아이들이 읽기에 대한 자신감도 커진다는 것을 잊지 말아야 한다.

시각 및 청각, 주의집중의 어려움

글이나 책을 읽을 때 유달리 틀리거나 다르게 읽는 아이들이 있다. 이해의 문제는 둘째치고 글자나 문장을 읽는 과정에서 어려움을 호소하는 경우다. 한글은 음성 언어이기 때문에 자음이나 모음을 혼동하거나 글자를 다르게 읽거나 문장이나 단어를 건너 뛰고 읽기 쉬운데, 그러다보니 내용이 혼동되고 이해도 잘 되지 않는다. 여러 번 철자를 알려주어도 정확한 철자를 기억하거나 자음과 모음을 붙여서 새로운 단어를 만들고, 그 단어로 다시 다른 글자를 만드는 것과 같은 능력이 제대로 갖추어지지 않은 경우가 많다. 그런 아이를 보는 부모의 마음은 답답하기만 하다.

사람의 뇌는 언어 이해 영역과 언어 표현 영역은 구분되어 있지만 읽기 영역은 따로 정해져 있지 않다. 읽기는 자동적인 것이 아니라 후

천적으로 생기는 영역이다. 뇌의 후(後)측두엽에 읽기와 관련된 단어와 철자, 발음, 뜻을 저장해두었다가 자동으로 분석되는 영역이 생기면서 읽기가 좀 더 자연스러워지고 편안해진다. 그래서 사람의 뇌에서 읽기 영역이 활성화되는 것은 언어 이해와 표현 영역이 어느 정도 형성된 이후인 경우가 많다.

읽기가 잘 되지 않는 경우 중에 일부를 난독증이라는 말로 설명한다. 난독증은 어릴 때부터 뇌기능의 이상 또는 알 수 없는 원인으로 읽기가 잘 안되거나 불가능한 경우를 말한다. 지능이나 교육기간과 비교해서 읽기 기능의 터득이 지나치게 늦는 경우에도 사용하는 개념이다. 난독증 아이들의 많은 경우는 일반적으로 말이 늦거나, 운율놀이가 어렵거나, 소리에 예민한 경향이 있으며 글자를 바꿔서 혹은 다르게 읽는다.

우리가 글을 읽을 때는 먼저 눈으로 글씨를 보고 그 글자를 소리로 변환시키고 그다음 두뇌에서 그 소리를 말로 이해하는 과정을 거친다. 즉 글자의 모양을 소리로 바꿀 수 없다면 읽고 내용을 이해할 수 없는 경우가 생긴다.

글을 읽는다는 것은 눈으로 글씨를 보고 읽는 것이 기본이다. 만약 시각에 문제가 있다면 제대로 글을 읽는 것은 어렵다. 시각은 물체의 상을 정확하게 볼 수 있느냐 하는 것이다. 그래서 눈이 나빠지면 안경을 써서 그 초점을 정확하게 맞추려고 시도하게 된다. 하지만 읽기에서 시각보다 더 중요한 것은 '시지각'이다. 제대로 눈이 보이고 글씨를 읽을 수 있다고 해도 눈으로 본 것을 잘 이해하고 전달하고 해석하려면 시지각에 문제가 없어야 한다.

눈으로 들어온 정보가 대뇌로 전달되면서 처리되는 과정을 시지각 과정이라고 한다. 이는 단순히 눈으로 보는 것만으로 끝나는 것이 아니다. 조금 더 전문적으로 설명하면 시지각은 운동, 위치, 공간 구조의 정보를 파악하는 '마그노 영역'과 색깔에 관한 정보를 파악하는 '파보 과정' 두 가지로 구분된다. 이 두 가지 과정에 혼동이 일어나면 여러 가지 문제가 발생할 수 있다. 보통 시지각에 문제가 있는 아이들은 글을 읽었는데 글자가 흔들리고 겹쳐 보이거나 어른거려서 글자를 빠른 속도로 읽지 못하며, 장기간 글을 읽으면 눈이 아프고 어지럽고 두통이 생기기 때문에 제대로 읽지 못한다.

시력이 정상이라고 해도 대뇌로 전달되는 시지각 과정에 문제가 생기면 글자의 이미지가 왜곡되거나 앞뒤 글자를 바꿔 읽기도 하고, 글자를 거꾸로 읽거나 빼먹는 현상이 생기기도 한다. 이는 글자의 소리와 의미를 정확하게 파악하지 못하는 시지각적 난독증으로 나타나게 된다.

때때로 청지각적 난독증도 의심해볼 수 있다. 우리는 이야기를 들을 때 소리를 단순히 듣는 것이 아니라 배경 소음을 걸러내고 중요한 소리를 선택해서 듣는 과정을 거친다. 우리는 소리를 들을 때 귀에 들리는 소리가 우리가 경험을 통해서 기억하고 있는 소리들과 맞는지 확인한다. 이것을 '청지각'이라고 한다. 청지각에 문제가 생기면 들은 소리를 뇌에서 제대로 분석하고 이해할 수 없으며, 청력이 정상이어도 청지각 과정에 문제가 생기면 소리를 처리하고 이해하는 능력이 부족해진다. 우리나라 말이 음성 언어적인 특성을 가지고 있어서 더욱 그렇다. 글을 읽을 때 글자의 소리를 하나하나 처리해가면서 의미를 파악해가는 능력이 떨어지면, 글을 읽고도 이해가 안되는 청지각적 난독증이 나타날 수 있다.

외국에서는 증상과 심한 정도는 다르지만 10명 중에 1명이 난독증이라고 할 정도로 요즘 아이들에게서 난독증의 비율이 결코 적지 않다. 그런데 초등학교 3학년 이전에 발견하면 80% 이상의 아이들이 같은 학년을 따라갈 정도로 좋아질 수 있다고 한다. 초등학교 3학년 이후에 진단되면, 읽기와 관련된 두뇌의 흐름을 만드는 것이 이전보다 어려울 수 있다. 따라서 시각과 청각 등 감각의 문제와 관련해서 글 읽기 문제가 있는 경우에는 빠른 진단과 치료가 필요하다.

또 하나의 문제는 글에 대한 집중력이다. 시지각이나 청지각 등 감각적 처리에 문제가 있는 경우, 아이들은 주의 집중력이 떨어지고 쉽게 산만해진다. 감각에 집중해서 처리하는 능력이 떨어지기 때문에 다른 감각이 옆에서 나타나면 집중력이 흐트러진다. 다른 시각적 정보나 재미있는 자료들이 갑자기 주어지면 그쪽으로 전환도 빠르다. 글 읽기는 단어 읽기와 달라서 단어와 단어, 문장과 문장 간의 연결이 매우 중요한데, 문장을 읽다가 흐름이 끊기거나 내용들의 연결이 잘 되지 않으면 맥락의 이해가 쉽지 않게 된다. 한 문장을 읽고 딴 데 한번 쳐다보고, 한 문장 읽고 다른 것에 관심이 생긴다면 글의 흐름을 이어가기가 쉽지 않으니 내용의 이해도 어렵다.

이러한 집중력은 글 읽기의 유창성, 즉 속도에 맞춰서 잘 읽을 수 있는 힘에 도움이 된다. 처음에 아이들이 한글을 읽기 시작하면서 책을 읽을 때는 글의 내용을 이해하는 것이 아니라 단어와 문장을 읽는 데에 많은 에너지를 쏟을 수밖에 없다. 그렇게 되면 시간은 많이 걸리고 글의 내용은 하나도 들어오지 않는다.

결국 낱말 읽기나 문장 읽기가 좀 더 빠르고 자연스러워져야 글 읽기 유창성도 발달할 수 있다. 글 읽기가 빠르게 잘 이루어지려면 낱말 읽기부터 완성되어야 한다. 낱말들을 제대로 읽는데 정신을 집중해야 한다면 한 문장이나 단락을 다 읽었을 때 무슨 내용을 읽었는지 제대로 기억해내지 못하기 때문이다.

집중력 문제에서만 본다면 글 자체에 대한 집중력이 떨어지는 경우와 문장 읽기에 집중력이 과도하게 사용되어 전체적인 글의 맥락이 이해가 되지 않는 경우로 구분될 수 있다. 글 자체에 대한 집중력이 떨어지는 것은 여러 시각이나 청각과 같은 감각적인 집중과 처리에 문제가 있는 경우일 수 있다. 속도를 내어 빠르게 읽지 못하는 것은 아직 문장 읽기가 원활하지 못한 경우가 많다.

감각과 집중력에 관련해서 읽기의 문제가 예상된다면, 심하지 않은 경우에는 또래들보다 조금 더 노력을 기울이면 되겠지만, 심한 경우에는 관련된 언어치료를 받아야 하는 경우도 있다. 부모로서 감각적인 처리나 집중력이 안정화될 때까지 옆에서 격려하면서 집중할 수 있도록 신호를 주며 아이를 살펴보는 것이 좋은 방법이다.

언어가 느렸다면 읽기에도 문제가 있을 수 있다

"말만 잘하면 이제 끝났을 줄 알았죠. 말하기 훈련을 시키는 것도 보통 힘든 게 아니었거든요. 그런데 읽기에 문제가 이렇게 있을 줄은 생각도 못했어요." 어린 시절에는 말이 늦어 고민을 했던 부모들이 학교 입학을 앞두고 가장 많이 고민하게 되는 것은 읽기다. 아이가 말이 늦어 마음고생도 하고 언어치료도 다녔는데 한글 습득도 늦고 읽기도 늦으니 첩첩산중이라는 말을 한다.

말이 늦었던 첫째는 한글에 대한 관심이 빨랐다. 아이가 가진 청각적 어려움 때문에 모든 것을 말로 설명해주고 이해시켜야 했는데, 아이가 말로 받아들이는 속도도 느리고 모든 정보를 말로 전달할 수도 없었기 때문에 아이가 알게 될 어휘며 배경지식들이 너무도 걱정이 되었다. 그런데 아이가 한글에 관심을 가지고 읽기 시작하자 문자와 책, 영상의 자막을 통해서 정보를 받아들이기 시작했다.

한글 그 자체를 읽어내는 능력은 언어능력과는 조금은 다를 수 있다. 그냥 글자 읽기에 지나지 않기 때문이다. 하지만 중요한 것은 아이가 한글을 읽기만 하는 것이 아니라 한글을 읽었을 때 그 의미를 생각해내는 것이다. 사과라는 단어를 읽었을 때 사과의 모양이나 색깔, 향기 등을 떠올리는 것 말이다.

그런데 다행히 아이가 한글을 받아들이면서 글자의 의미를 해석하는데 그리 오랜 시간이 걸리지 않았다. 때로는 한글을 통해서 단어의 의미를 파악하기도 했다. 글을 원활하게 읽기 시작하면서 혼자 책을 읽는 시기도 빨라졌다. 다른 아이들보다 훨씬 빠르게 한글을 잘 읽게 되면서 읽기를 통해서 얻는 정보의 양도 늘어났다.

첫째는 한글과 문장을 유창하게 읽는 시기와 언어 발달의 시기가 맞물려 6세 이후부터 급속하게 언어능력이 발달하기 시작했다. 그 이전과는 달리 언어 발달이 빨라지면서 급속한 언어 성장기를 맞았다. 초등학교 입학할 무렵에는 듣기와 발음, 의사소통에는 어려움이 여전히 있었으나 거의 또래 수준까지 언어능력이 발달했다. 그 때 그만큼 언어능력이 발달할 수 있었기에 다행히 아이가 일상적인 어휘와 학습을 소화하는데 크게 무리가 없었다고 생각한다.

말을 처음 배우는 단계에서부터 발음도 또박또박하고 18개월부터 문장으로 말을 할 정도로 언어능력이 남달랐던 둘째는 생각보다 한

글을 더디게 떼서 많은 고민을 안겨주었다. 스스로 책 읽는 것도 좋아하고 누군가 읽어주는 것도 좋아하며 초등학교 입학한 오빠의 숙제를 봐주느라 동화 CD를 틀어주어도 잘 들을 정도로 집중력이 좋았던 아이였다. 그래서 언어적인 다른 문제를 걱정할 거라고는 생각조차 해본 적 없었는데 막상 한글과 읽기는 또래보다 너무 늦었다. 7세에도 남들은 다 한다는 읽기를 더듬더듬 하는 모습을 보니 걱정도 되고 안타까웠다. 그런데 직접 읽어주고 아이에게 잘 이해가 되었는지 물어보면 너무도 잘 받아들이고 느낌이나 감성도 풍부했기 때문에 말 그대로 잘 읽는 것만 해결하면 된다는 생각이 들었다.

1학기에는 좌충우돌이었다. 선생님이 불러주는 말을 알림장에 써 오는 것도 느렸고 받아쓰기를 하는 것도 쉽지 않았다. 여전히 국어책을 읽는 속도도 다른 아이들보다 늦었다. 하지만 1학기 내내 읽기를 격려하고 잘할 수 있도록 도와주고 좋아하는 분야의 책을 중심으로 다양하게 읽을 수 있도록 했다.

여름방학이 지나고 나서 이 문제는 걱정하지 않아도 될 정도로 완전히 해결이 되었다. 읽기의 기본 능력은 초등학교 저학년 시기에 완성된다는 말이 누구보다도 잘 맞았던 아이였다. 글 읽기가 잘되기 시작하면서부터 다른 아이들이 고민한다는 글에 대한 이해력이나 공감능력은 전혀 걱정할 필요가 없게 된 것이다. 그러고 나니 또래들과의 책 읽기 수업에서도 단연 두각을 나타내기 시작했다. 결국 이 아이의 읽기는 이해의 부분을 뺀 글 자체, 즉 '문자의 읽기'가 문제였던 셈이다. 문자 읽기가 해결되고 나니 그 다음에는 걱정할 필요가 없었다.

초등학교 입학 이전에 듣기, 말하기를 통해서 언어능력의 기본이 완성되는데 이렇게 완성된 언어능력이 읽기와 쓰기 영역에도 영향을 미치게 된다. 한글 같은 문자의 습득은 늦더라도 언어에 대한 이해력은 가지고 있기 때문에 대부분의 경우 언어능력을 잘 만들어놓은 아이라면 읽거나 쓰는 능력이 갖추어졌을 때 크게 문제가 없다. 그래서 흔히들 평생 언어력을 결정하게 되는 시기가 0~7세 영유아기라고 말한다.

초등학교 입학 이후 아이의 언어능력은 듣기, 말하기, 쓰기, 읽기가 뫼비우스의 띠처럼 연계하면서 발전한다. 그래서 한 영역에서 막히거나 부족한 경우가 생기면 다른 영역에까지 영향을 미치게 되고, 이에 따른 전체적인 언어능력의 어려움으로 발전하게 된다.

말이 늦은 아이였다면 언어능력 자체가 불균형해져 있거나 다른 아이보다 어려움을 겪었을 확률이 높다. 그럴수도 있고, 그럴 확률이 높다는 것이지 아이가 말이 늦었다고 해서 모든 아이들이 어려움을 겪는다는 뜻은 아니다. 말이 빠르고 잘 했던 아이도 읽기의 문제가 생길 수도 있다. 하지만 일반적으로 아이가 말이 늦었다면 읽기 능력에서는 혹시 어려움이 없는지 잘 살펴볼 필요가 있다.

읽기 교육에 '마태 효과'라는 개념이 있다. 성경에서 사용하던 말을 스타노비치라는 학자가 읽기 발달에 적용하면서 알려진 말이다. 우리가 잘 아는 마태복음 25장 29절의 '무릇 있는 자는 받아 풍족하게 되고 없는 자는 그 있는 것까지 빼앗기리라'라는 개념에서 따온 것으로 가진 자는 더 부유해지고 그렇지 않은 자는 더 가난해진다는 개념이다.

읽기 발달을 위한 언어능력의 발달이 우수한 아이들은 읽기와 쓰기를 쉽게 배울 확률이 높아지고 책을 자주 접할 기회도 얻게 된다. 그러면서 다양한 문장의 구조나 어휘를 다시 책에서 배우게 되고 이 모든 것이 언어능력의 향상으로 이어진다.

하지만 반대의 경우는 어떨까. 어휘나 언어 수준이 낮은 아이들은 읽기 습득이 늦어질 수 밖에 없으며 같은 시간에 읽는 글의 양도 현저하게 줄어들게 된다. 그러면 독서량이 줄어들고 책에 나오는 어휘와 접촉도 줄어들 수 밖에 없다. 다른 아이들에 비해서 어휘의 증가가 더딜 수 밖에 없고 이것은 또다시 아이의 읽기와 쓰기, 학습에 부정적 영향을 미치게 된다. 안타깝게도 어떤 도움 없이는 격차를 좁히기가 어렵고 오히려 점점 벌어질 수도 있다는 것이다.

그렇다면 이러한 마태 효과 때문에 언어 발달이 늦었던 아이들에게 읽기 발달을 기대할 수 없는 일일까? 그렇지 않다. 하지만 이러한 연결의 가능성을 빨리 끊어내는 것이 중요한데 이는 때때로 전문가의 중재가 함께 필요할 수도 있다.

말이 늦었던 아이들의 경우 문자에 대한 기초 학습을 정확하고 체계적으로 할 필요가 있다. 기초적인 읽기 지식을 빨리 쌓는 것이 중요한데, 읽기가 어려워서 독서량의 부족으로 이어지지 않게 하기 위한 방법이다. 자연스럽게 읽기를 받아들일 수 있도록 다양한 방법으로 자극과 격려가 필요하다.

난독증과 같이 읽기의 어려움이 보이거나 위험이 있는 아이, 학습의 어려움이 예상되는 아이의 경우 일찍부터 이와 관련된 적절한 도움과 치료가 필요할 수도 있다. 언어가 늦었던 아이를 두고 '금방 되겠지', '되지 않을까', '조금만 더 기다려보자' 하고 차일피일 미루게 되면 제대로 된 도움의 시기가 늦어질 수도 있다. 읽기의 문제가 제대로 해결되지 않으면 학습의 어려움으로까지 이어질 가능성이 매우 높다.

초등학교 아이들의 언어능력은 언어의 각 영역이 기반이 되어 상호 유기적인 관계를 맺으며 발달한다. 그리고 말이 늦었던 아이들은 특정한 영역에서 어려움을 겪을 확률이 높고, 그것의 문제로 인해 전체적인 언어능력에도 영향을 미칠 수 있다. 초등학교 시기 이후부터는 학습을 무시할 수 없기 때문에 읽기 능력의 부족으로 학습에까지 어려움을 겪게 될 가능성이 높다. 말이 늦었던 아이라면 아이의 읽기 능력이 발달하고 또래 수준으로 익숙해질 때까지 자세한 관찰과 도움이 필요함을 잊지 말아야 할 것이다.

• 3장 •

읽기 능력 발달 도와주기

단어에 대한 이해가 기본이다

글을 잘 읽으려면 다양한 단어나 표현들이 잘 이해되어야 한다. 부모는 우리 아이가 길고 어려운 글도 척척 잘 읽었으면 하는 마음에 욕심을 낸다. 하지만 앞서 언급했듯이 글의 단어 중 80~90% 정도를 정확하게 읽을 수 있어야 하고, 이중 70~80%는 이해하고 있어야 아이가 읽기에 적당하다. 그 이상 어려운 어휘가 많으면 제대로 읽기가 쉽지 않다는 것이다.

따라서 처음에 아이에게 읽기 과제를 제시할 때는 수준보다 조금 낮은 것으로 시작하는 것이 좋다. 글의 길이도 내용도 아이가 부담 없이 읽을 수 있는 것으로 시작해야 읽기를 즐겁게 할 수 있다. 관심 있는 주제를 조금 쉬운 것으로 던져주면 아이가 더 좋아할 수밖에 없다.

우리말은 알고 있는 말의 정보에 의지하여 새로운 말의 뜻을 유추하고 해석할 수 있다. 특히 한자어는 철자만으로도 그 뜻을 짐작할 수 있다. 예를 들어 학교라는 말에서 학은 '배울 학'인데, 이 뜻을 알고 있는 아이들은 '학습'이라는 말을 들었을 때 뭔가 배우는 것과 관련이 된다는 느낌을 받을 수 있다. '부모'가 아빠 엄마임을 알고 있다면 '조부모'가 생소하더라도 아빠 엄마와 관련된 어휘라는 것을 짐작할 수 있다. 이렇듯 우리말에는 한자어가 많아서 전체 낱말의 뜻을 모르더라도 낱말을 포함하고 있는 한자어 일부의 뜻을 알면 낱말의 뜻을 유추할 수 있다.

글 읽기와 어휘력은 서로 보완하면서 발전한다. 어휘력을 채우려면 다양한 경험이 필요한데 모든 것을 다 경험할 수는 없다. 그렇기 때문에 간접 경험, 즉 글이나 시각적 정보를 접해야 하고 글을 잘 읽으려면 어휘력이 잘 갖추어져야 한다. 따라서 아이가 또래 수준의 글을 읽을 때 단어를 몰라서 글 전체를 이해 못하는 일이 없도록 다양한 어휘를 채워주는 것이 무엇보다 중요하다.

한 연구에 따르면, 만 1세부터 만 3세까지 아동을 대상으로 한 달에 한 번씩 집을 방문해서 부모와 아이의 상호작용을 녹음하면서 가정의 언어 사용 패턴을 살펴보았더니 언어 사용 빈도수가 낮은 가정에서는 언어의 질도 낮고 어휘도 제한되는 것으로 나타났다. 어휘수의 격차는 시간이 갈수록 커졌는데, 만 24개월에 발화 어휘의 차이가 120개였으나 만 36개월에는 약 600개였다. 다른 연구에서도 어휘력이 평균인 아동은 하루에 약 2.4개의 어휘를 익히는데 비해 하위 25%의 아동은 하루에 평균 1.6개의 어휘를 익히는 것으로 나타났다.

어릴 때부터의 언어 노출은 유치원, 그리고 학교에서 아이의 언어 발달에 영향을 미치게 된다. 유치원이나 학교에서도 "예", "아니오"와 같은 단답형 답변을 요구하는 교사보다 다양한 질문과 대답을 유도하는 교사에게서 수업을 들은 아동들의 어휘력과 언어 실력이 더 높은 것으로 나타났다. 풍부한 언어 환경이 아이들의 언어능력에 도움을 주고 이것이 다시 읽기나 쓰기와 같은 언어능력에도 영향을 주는 것이다.

그러면 우리 아이의 어휘력을 높이기 위해서는 어떻게 하면 좋을까? 우선 기본적으로 아이의 나이와 학년을 고려했을 때 아이가 알아야 할 일상 언어들에 대한 파악이 이루어져야 한다. 대부분의 아이들에게 일상적인 용어까지 지도할 필요가 없을 수도 있지만 언어가 늦는 아이의 경우 꼭 필요한 단계다.

교과 학습에 나올 수 있는 어휘들, 그리고 교과서에 나오는 단어들에 대해서 짚어보는 것도 좋다. 교과서에 굵은 글씨로 나와 있는 용어 설명을 잘 이해하고 있는지 확인해보고, 이것이 잘 되어 있지 않다면 조금 더 지도가 필요할 수도 있다. 단어가 잘 이해되지 않는다면 수업 내용의 이해 또한 어려울 수 있기 때문이다.

언어 발달을 연구한 많은 전문가들은 아이의 말하기 능력은 읽기

능력에 영향을 주고, 읽기 이해력이 발달해야 더 많은 읽기를 하게 되고, 이러한 독서를 통해 언어능력의 더 많은 향상이 가능해진다고 말한다.

어휘를 지도할 수 있는 여러 가지 방법 중 하나는 아이가 이해하기 쉬운 용어로 정의를 알려주는 것이다. 아이가 단어의 뜻을 모른다고 해서 사전을 찾아서 읽어보라고 하는 것은 또 다른 어휘를 파악하라는 것과 같다. 사전도 결코 쉬운 어휘로 정리된 것이 아니기 때문에 아이들에게는 힘들다. 아이가 이해할 수 있는 말과 문맥을 통해서 뜻을 아는 것이 중요하다. 부모도 어휘를 설명할 때 대략적인 뜻을 예를 들어서 설명하고 아이에게 나름의 방법으로 단어를 설명해보도록 하는 것이 좋다.

그런 후에는 다양한 문맥에서 여러 번 그 단어를 보여준다. 어휘를 학습할 수 있는 가장 좋은 방법은 지속적이고 반복적인 노출이다. 같은 문장 같은 문맥에서의 반복이 아니라 다른 문장, 다른 문맥에서의 반복적인 경험이 필요하다. 이 과정이 있어야 적재적소에 문장을 사용하는 방법을 배울 수 있다.

예를 들어 양보라는 단어가 있다. 아이가 양보라는 단어를 모른다면 이 단어를 부모가 먼저 설명해준다. 대신에 사전적으로가 아니라 아이의 입장에서 쉬운 말로 하는 것이 좋다. 예를 들면 "다른 사람들에게 자기가 가지고 있는 것이나 자리를 내어주는 것을 양보라고 해"

와 같다. 다양한 문맥에서 단어를 노출하는 가장 편리한 방법은 마인드맵이다. "양보라는 말을 들었을 때 어떤 말들이 생각나니?"라고 물으면서 모르는 단어를 중심으로 관련된 단어를 써보는 것이다. '버스', '지하철', '임산부', '노약자', '뿌듯해요'…. 이제 그 어휘를 몇 가지 문장에서 사용해보면서 맞게 잘 사용했는지 확인하거나 문장 만들기를 해본다. "할머니가 타셔서 자리를 양보했어요(맞는 문장)", "고양이에게 자리를 양보했어요(틀린 문장)", "양보를 하고 났더니 기분이 좋아요(맞는 문장)"와 같이 아이와 함께 말해본다. 짧은 글짓기만큼 아이의 단어에 대한 이해가 정확하게 반영된 과제는 없다. 이런 과정을 거치다보면, 아이는 양보라는 어휘의 뜻과 맥락을 이해할 수 있게 되고 다음에 이 말을 들었을 때도 무슨 말인지 잘 알 수 있다.

이렇게 알게 된 어휘들을 영어 단어장처럼 어휘 목록으로 만들어보는 것도 좋다. 초등학생이 알아야 할 어휘들은 학습과 교과와 관련되는 경우가 많으므로 처음 어휘를 배우고 난 뒤에라도 다시 재확인해보는 것이 의미가 있다. 이럴 때 수첩이나 공책에 써둔 어휘 목록들은 큰 도움이 될 수 있다. 그렇다고 해서 영어 단어를 외우듯이 할 필요까지는 없다. 단어장을 들여다볼 때 어휘의 뜻이라거나 맥락이 생각난다면 그것만도 충분하다. 그렇게 쌓여가는 어휘들은 아이의 읽기 이해도를 높이는데 큰 도움이 될 것이다.

아이들과 놀이처럼 끝말잇기나 단어 퀴즈를 내보는 것도 방법이다.

아이가 아는 단어를 떠올려보는 끝말잇기나 단어의 뜻을 듣고 단어를 맞추거나 아이 스스로 단어의 뜻을 이야기해보는 단어 퀴즈는 아이들에게 어휘를 생각하고 떠올리게 하는 중요한 힘이 된다. 아이에게 책이나 글에서 설명하는 어휘를 찾게 하는 것도 좋다. 모르는 어휘를 직접 찾아볼 수 있도록 책을 읽을 때 아이가 단어에 밑줄을 쳐보는 것도 좋은 방법이다. 처음에는 다양한 단어를 접하고 그것을 자신의 어휘 목록으로 쌓아갈 수 있도록 격려해주는 것이 꼭 필요하다. 고학년이 되어서는 학습 상황과 다양한 매체를 통해서 단어를 접하고 그 쓰임새를 알 수 있다. 아무리 많은 글을 읽으려고 해도 단어에 대한 이해 없이는 불가능하다는 것을 잊어서는 안된다.

단어 읽기와 만들기 놀이

단어 읽기가 원활하지 않거나, 자음과 모음의 결합이 잘 되지 않거나, 정확한 자음이나 모음의 발음을 하지 못하는 아이들의 경우에는 읽기에서 문제가 발생할 수밖에 없다. 읽는 문제와 글자-소리 관계에 대한 이해가 어렵다보니 단어나 문장을 읽는데도 어려움을 호소하게 된다. 읽기에서 문제가 있는 아이들 중 여러 검사를 해보는 과정에서 단어 목록에서 가방을 나방이라고 읽거나 가위를 거위라고 읽는 아이들이 있다.

자음과 모음이 어떤 소리가 나는지를 알고, 그 지식을 바탕으로 글자에 대응하는 자음과 모음을 적용해서 읽는 것이 일반적인 읽기의 기초 단계다. 우리는 눈으로 읽기 때문에 자음과 모음을 보고 읽는다고 생각하지만 사실 우리말은 음성언어이기 때문에 자음과 모음이 소리로 발음되고, 그 소리가 정확하게 어떤 자음과 모음을 나타내는지를 아는 것이 매우 중요하다.

따라서 처음으로 글자를 배우고 익히는 단계에서부터 소리와 글자를 정확하게 알고 이해해야 한다. 만약 이 단계가 제대로 이루어지지 않았고, 아이의 읽기가 원활하지 않다면 기본부터 잘 다지면서 가는 것이 가장 필요하다.

처음 한글을 배울 때 우리가 많이 하는 놀이 가운데 하나는 '단어 만들어보기'다. 한글을 배울 때는 주로 단어 위주로 익히고 배우게 되지만 나중에는 음소의 결합을 통해 단어를 만들 수 있다는 것을 알게 된다. 특히 음소를 자르거나 붙이는 능력이 필요한 경우의 아이들과 함께 해보면 좋다. 단어를 읽거나 책을 읽는 것보다 단어를 구성하는 자음과 모음을 정확하게 알 수 있는 방법이 된다.

가장 쉽고 편하게 접근할 수 있는 방법은 자음과 모음이 결합하는 형태로 1음절 단어들을 만들어 보는 것이다. ㄱ~ㅎ, ㅏ~ㅣ의 카드를 만들어 ㄱ과 ㅏ가 결합하면 '가', ㄱ과 ㅑ가 결합하면 '갸'와 같이 직접 자음과 모음을 붙여가며 글자를 만들어 본다. 받침이 없는 형태의 자음과 모음을 합성해보는 것은 글자가 만들어지는 원리를 깨닫는 가장 쉬운 방법이다.

우리가 아이들을 데리고 한글 학습을 시킬 때 통글자 단계를 지난 아이들을 위한 가장 쉬운 방법이다. 벽에 한두 번쯤 붙여 봤음직한

'한글 자모음표'를 떠올리면 이해하기 쉽다 그러면서 아이에게 의도적으로 자모음의 결합 방법을 강조한다. "ㄱ에 ㅏ를 더하면 /가/ 소리가 나요" 이렇게 말이다. 부모의 모델링도 필요하지만 아이도 "ㄴ에 ㅓ를 더하면 /너/소리가 나요"와 같이 부모의 모델링과 비슷한 방법으로 말해보게 한다.

받침이 없는 자음과 모음의 결합 과정이 잘 이루어지면, 다음에는 ㄱ~ㅎ, ㅏ~ㅣ까지 자음과 모음으로 구성된 카드를 만들어본다. 바닥에 자음과 모음을 각각 놓고 그것을 붙여 글자를 만든다. 예를 들어 '국'자로 만든 카드를 보여주거나 /국/이라고 발음하면, 그것을 자음과 모음의 결합된 형태 ㄱ, ㅜ, ㄱ 카드를 각각 골라 바닥에 놓는다. 그리고 아이가 직접 "ㄱ, ㅜ, ㄱ을 더하면 /국/이 돼요" 하고 말해보게 한다. 자음과 모음이 합쳐졌을 때 단어가 된다는 것을 보여주는 것이다.

혹은 A4지에 글자를 놓고 그것을 자음과 모음으로 잘라본다. 예를 들어서 큰 종이에 써 있는 '국' 글씨를 가위로 자르면 ㄱ, ㅜ, ㄱ으로 각각 나뉘게 된다. 그리고 난 후 "/국/을 나누면 ㄱ, ㅜ, ㄱ이 돼요"와 같이 언어적으로 설명해본다. 이렇게 단어카드를 잘라보거나 나눠보는 활동은 단순히 자음과 모음을 구분하는 것에서 끝나는 것이 아니라 직접 해봄으로써 아이의 호기심도 끌 수 있고 재미있게 참여하도록 유도할 수도 있다.

이 과정은 자음과 모음의 결합과 분리에 대한 과정을 시각적으로 제시함으로서 아이들의 호기심을 불러일으키게 된다. 몇 마디 말이나 이론적인 설명보다는 아이가 직접 해보는 것이 가장 좋다. 자음과 모음이 붙어서 소리를 내기도 하고 단어를 만들기도 하면서 아이들은 자음과 모음의 결합에 재미를 느끼고 어려워하지 않게 된다,

음소를 다른 음소로 바꾸는 방법으로 변화를 주면서 읽게 하는 것도 재미있는 방법이다. 칠판이나 보드판에 '국'을 쓰고 읽게 한 다음 ㄱ을 다른 음소로 바꾸어 써보는 것이다. "자 여기 국이 있어요. 처음 나와 있는 ㄱ을 ㄴ으로 바꾸면 뭐가 되지? 이걸 어떻게 읽어야 할까?", "눅", "ㅜ를 ㅏ로 바꾸면 뭐가 되지? 이건 어떻게 읽어야 할까?", "낙!" 이런 식의 활동이 익숙해지면 아이가 직접 바꾸면서 말해보게 하거나 부모에게 퀴즈를 내도록 해보는 것도 좋다.

이렇게 1음절 단어가 익숙해지면 다음 단계는 하나 이상의 음절로 구성된 다음절 단어를 만들었다가 다른 단어로 만드는 과정을 시도한다. 우리말의 다음절 단어들은 발음할 때 다양한 형태의 변동이 일어난다. 학교를 발음하면 /학꾜/로, 먹이는 /머기/로, 국물은 /궁물/로 읽는다. 반대로 /학꾜/라고 듣지만 우리는 표기할 때 학교로 쓴다. 이러한 글자-소리 대응 관계 때문에 더욱 읽기 문제가 쉽지 않다. 특히 우리말에는 두 가지 단어가 합쳐지는 형태가 많다. 국물은 국+물의 두 단어가 합쳐진 형태이고 김밥은 김+밥의 형태다. 두 단어가 합쳐

서 하나의 뜻을 나타내는 단어를 만들어낸 것이다.

아이와 함께 국물과 국밥의 두 가지 단어에서 공통적으로 들어가는 단어를 찾아본다. 바로 '국'이다. 아이와 단어 중에 국이 들어간 단어들을 찾아본다. 아이가 직접 찾아서 말해보게 하는 것이 좋다. 우리가 어린 시절에 많이 듣고 놀았던 동요 중에 '리 리 리자로 끝나는 말은 ~'과 같이 다양한 단어들에서 같이 들어간 단어를 찾아보는 것이다. 하지만 때로는 읽을 때 /궁물/, /국빱/과 같이 표기법과 다르게 읽게 되는 경우도 알려주는 것이 좋다.

난독증의 소견을 보이거나 글자 자체의 읽기 문제로 어려움을 호소하는 경우, 단어를 구성하는 기본 원리부터 시작하는 것이 가장 좋다. 글자-소리 단계를 인식하게 하는 파닉스(Phonics)에서부터 어려움을 겪는 사례가 많고 자음과 모음이 혼동되거나 정확한 소리로 읽지 못하는 경우에도 읽기를 힘들어할 수 있기 때문이다. 그리고 생각보다 아이들이 이 작업 자체가 원활하지 않을 때가 많다. 우리가 한글을 처음에 배울 때 했던 이러한 작업들이 사실은 읽기에 있어서 기초 공사와 같은 것이었음을 이해할 수 있다. 아이가 초등학교를 갔더라도 이 부분의 이해가 부족하다면 충분하게 연습하는 것이 좋다. 초등학교 입학 전 아이들이 하는 것이라고 단순한 것으로 보는 것은 큰 오산이다.

단지 자음과 모음의 결합과 분리를 아이에게 학습적으로 해보라고 하기보다는 재미있는 놀이나 게임처럼 한다면 아이의 거부 반응도 많이 줄어들 것이다. 이러한 기본 과정들이 쌓이면 아이도 좀 더 재미있고 편안하게 단어 만들기를 할 수 있다.

여러 가지 방법으로 반복해서 읽기

한글을 처음 배우는 아이들도 낱말을 정확하고 유창하게 읽는 시기는 각각 다르다. 마찬가지로 초등학교 아이들의 문장이나 글을 읽는 속도도 다르고 읽기 실력도 다르다. 일반적으로 읽기에 대해 집중하면서 유창하게 읽게 하려면, 최소한 단어나 문장 읽기 수준이 어느 정도 갖추어져야 한다. 그리고 어느 정도 읽기가 안정될 때까지는 눈으로 읽는 것이 아니라 소리를 내어 읽을 수 있도록 격려해주는 것도 필요하다. 읽기가 제대로 훈련되지 않은 아이들은 눈으로 읽는 시늉만 하지 제대로 읽고 있지 않을 확률이 훨씬 더 높다.

한 때 속독이 유행처럼 번졌던 적이 있었다. 글을 빠르게 읽는다는 점에서는 나쁘지 않지만, 내용을 정확하게 파악하면서 읽는다는 점에서 살펴보면 결코 쉽지 않다. 아이들은 빠르게 읽으면서 내용을 정확하게 이해하기가 어렵다. 특히 초등학생의 읽기 과제는 단순히 빠르게 읽는 것보다 내용을 잘 파악하고 이해하면서 읽는 것이 더욱 중요하기 때문이다.

그럼에도 불구하고 글을 정확하게 빠르게 읽는 능력과 글의 이해력이 연관이 된다는 연구 결과가 많다. 따라서 아이가 글을 정확하고 빠르게 읽기 위해서 다양한 촉진을 해주면 좋은데, 이를 위해서는 부모의 도움이 꼭 필요하다.

무엇보다 훈련을 하기 위한 글을 잘 선택해야 한다. 반복 읽기나 다양하게 읽기를 위해서는 긴 글보다는 전체가 2분 정도 걸리는 글이면 충분하다. 그리고 한 장르보다는 설명문, 이야기, 동화 등 다양한 읽기 내용을 포함하는 것이 좋다. 교과서의 내용을 선택하거나 교과서에 나오는 글의 일부 내용을 발췌한 다른 글도 괜찮다. 긴 글이라면 그것을 단락별로 쪼개서 다른 날짜나 시간에 제시해도 된다.

아이의 읽기 유창성의 변화를 보기 위해서 우선 아이가 어느 정도의 정확도와 속도를 가지고 읽는지 확인해볼 필요가 있다. 언어치료에서 사용하는 읽기와 관련된 검사 도구를 사용할 수도 있으나 집에서도 간단한 방법으로 아이의 읽기 유창성을 확인해볼 수 있다.

아이의 나이나 학년, 언어능력에 적합한 글을 준비한다. 읽기를 위한 과제로 아이의 관심을 끌 수 있는, 아이가 좋아하는 주제로 정한다. 아이가 읽기를 정말 어느 정도로 하는지 정확하게 알기 위해서는 조금 생소한 주제를 정하면 된다. 그 글을 바탕으로 정확하고 빠르게 읽도록 유도한다. 아이가 읽을 동안 부모는 틀리게 읽는 글자가 있는지, 글자를 다르게 읽거나 없는 말을 덧붙이지는 않는지, 빠뜨린 글자는 없는지를 살피며 체크해본다. 시간은 1분으로 정해놓고 읽게 할 수도 있고, 아이가 다 읽을 때까지의 시간을 잴 수도 있다. 측정한 시간이나 단어의 틀린 개수가 아이의 읽기 유창성과 관련된 기준이 된다. 이후 연습의 과정을 통해서 속도를 더 빠르게 하고 틀린 개수는 줄여 나가면 된다. 여러 번 연습한 후, 처음의 글을 꺼내서 다시 읽어보며 어느 정도 진전과 변화가 있는지 확인해보자.

아이에 대한 읽기 지도에 앞서 부모나 어른들이 소리 내어 읽는 모습을 보여줄 필요가 있다. 물론 이때도 과도하게 빠르게 읽을 필요는 없다. 혹은 동화구연 CD를 활용할 수도 있다. 이러한 시범은 유창하게 읽는 것이 어떤 것인지 보여줄 수 있다. 이러한 읽기 시범을 통해 아이는 어디에서 끊어 읽는지, 언제쯤 문장을 쉬어 주는지, 질문 형 문장에서는 억양이 올라가고 평서형에서는 억양이 내려간다는 것과 같은 기본적인 문장 읽기와 글 읽기의 기술들을 배우게 된다. 그 다음에는 아이가 읽게 한다. 만약 아이가 잘못 읽는다면 "틀렸잖아"라고 말하는 대신, 맞게 읽어주는 모델링을 해주며 바로바로 고쳐주는 것이 좋다. 아이가 틀린 부분을 인지하고 수정할 수 있도록 돕는 것이 필요하다.

그러면 글을 빠르고 잘 읽기 위해서는 어떤 방법으로 도움을 줄 수 있을까? 아이가 읽는 것에 자신이 없어하면, 같은 글을 반복해서 읽도록 하는 것이 좋다. 모든 것이 숙달되려면 무엇보다 반복과 훈련만큼 좋은 것이 없다. 같은 글을 여러 번 읽되 아이에게 몇 번 읽으라고 하면 지겨워하거나 싫어할 수 있으므로 방법을 다양하게 하는 것이 좋다. 예를 들어서 시간을 정해놓고 읽어보기, 부모나 형제자매와 번갈아 읽기, 실감나게 연극처럼 읽기 등 다양한 방법으로 글을 읽어보게 한다. 이중에서 읽기의 속도를 높이기 위해 가장 좋은 방법은 시간을 정해놓고 반복해서 읽도록 하는 것이다. 같은 글을 여러 번 읽다보면 처음 읽을 때보다 확실히 빨리 읽는 것을 확인할 수 있다.

또 글을 다양하게 읽는 것도 방법이다. 비슷한 주제의 다른 글이나 비슷한 장르의 책에서는 같은 단어가 반복적으로 혹은 다양한 경우에 사용될 수 있다. 다양한 단어들을 접하는 것은 물론 단어의 쓰임새에 대해서도 학습하는 기회가 된다.

마지막으로 의도적으로 글을 띄어 읽는 것을 연습하는 것도 좋다. 처음 글을 읽거나 단락을 읽기 시작하면 아이들은 그것을 읽는 데만 집중해서 정확한 의미에 따라 문장을 끊어내지 못한다. 그런데 우리말은 제때 쉬고 제대로 끊어 읽지 않으면 문장의 뜻이 이해가 잘 되지 않거나 맥락이 통하지 않는 경우가 많다. 그래서 읽기가 부족한 아이라면 문장이나 단락을 읽을 때 의도적으로 끊어서 읽게 하는 과정이 꼭 필요하다.

이렇게 읽기 연습을 하는 과정에서 부모의 격려는 필수다. "왜 이렇게 밖에 못읽어?", "무슨 뜻인지 알고 읽는 거야?"와 같은 말투는 아이의 의욕을 떨어뜨린다. 따라서 자신감을 가지고 글을 읽을 수 있도록 아이를 격려하고 "어제보다는 오늘 더 잘 읽는다"며 칭찬해주는 것이 좋다. 이렇듯 소리 내어 읽는 과정은 글을 잘 읽을 수 있게 할 뿐만 아니라 또박또박 발음하는데도 많은 도움을 준다.

그런데 우리가 유창하게 읽는 것에 관심을 가지고 훈련하는 가장 큰 이유는 단순히 글만 읽는 것이 아니라 글에 대한 이해력을 높이는데 큰 도움이 되기 때문이다. 글을 읽는데 지나친 노력을 하면 글을 이해하는데 무리가 따른다. 또한 잘 모르는 어휘가 많거나 단어 읽기도 제대로 되지 않았다면 어휘 지도나 낱말 읽기가 우선이 되어야 할 수도 있다. 익숙하지 않은 어휘의 뜻이나 내용을 먼저 알려주고 어려워하는 단어는 어떻게 읽어야 하는지 미리 연습해야 글을 잘 읽게 되고 이해의 정도도 좋아진다. 따라서 글 읽기 연습을 하기 전에 아이에게 글의 내용이 괜찮은지, 읽는데 무리가 없겠는지 미리 확인한다. 단어의 뜻도 잘 알고 있는지 확인해볼 필요가 있다.

아이의 읽기 유창성은 하루아침에 완성되지 않는다. 분명한 것은 반복해서 여러 번 읽어보는 연습을 하는 아이들이 이전보다 그 수준이나 능력이 빠르게 좋아진다는 점이다. 그리고 그를 바탕으로 아이가 글을 이해하는데 자신감이 생긴다. 아이의 읽기 능력과 읽기 자신감은 글을 빠르고 정확하게 읽을 수 있는 능력, 즉 유창성과 무관하지 않음을 기억해야 할 것이다.

읽기는 유추와 공감으로 완성된다

읽기에서 중요한 것 중 하나는 '행간의 의미'라 불리는 단락이나 글에 내포된, 드러나 있지 않은 글의 의미다. 직접 단어나 문장으로 쓰여있지 않으나 글의 흐름이나 글쓴이의 의도상 중요한 의미를 담고 있다. 이를 파악하는 것이 초등학교에 입학한 아이들의 언어능력에 요구되는 필수사항 중 하나다.

외국의 많은 나라에서는 우리나라처럼 문자 교육을 일찍부터 시작하지 않는다. 이렇게 읽기 교육을 일찍부터 시작하지 않아도 아이들의 읽기 능력이 부족하지 않고 오히려 세계에서 상위권을 유지하고 있다. 이것이 가능한 이유는 아이의 두뇌수준이나 정서 발달을 감안한 읽기를 시도하고 있기 때문이기도 하다.

초등학교 입학 이후의 아이들은 신체 발달과 두뇌 발달, 정서 발달 모두가 급격한 변화를 겪게 된다. 이 중 하나라도 어려움이 생기면 나머지 발달에도 부정적인 영향을 미치게 된다. 특히 읽기는 단순히 문자만을 읽는 것이 아니라 정서적인 교감이나 공감 능력이 함께 발달해야 한다. 따라서 많이 읽으면 읽기의 문제가 해결될 것 같지만 결코 그렇지 않다. 읽기가 철자를 읽는 것에서 끝나는 것이 아니라 이해가 되고 정서적인 공감이 있어야 하기 때문이다.

따라서 아이들에게 글에 나와 있지 않은 내용을 유추하거나 인물의 감정을 공감해주는 기회를 주는 것이 필요하다. 그러려면 아이들 학년 수준에 맞는 읽을거리를 정하는 것부터 시작해야 한다.

초등학교 1~2학년처럼 전두엽이 발달하고 도덕성이 확립되는 시기에는 전래 동화와 같이 선과 악이 분명한 것이 이해가 더 잘 된다. 그리고 아직은 글자보다 그림책을 읽는 단계이기 때문에 그림을 통해 이미지를 떠올리거나 상상하게 하는 것이 필요하다. 글이 많은 것보다 그림이 함께 들어있거나 그림의 비중이 좀 더 커도 괜찮다. 이 시기에 발달해야 할 것이 글을 읽고 장면을 상상하고 마음껏 생각해 보는 것이다. 3~4학년이 되면 자아라는 측면에서도 나와 세계의 분리가 시작된다. 생활 동화나 학교, 친구 이야기에 많은 관심이 생긴다. 그리고 급격한 독서 편식이 생기게 되는데 관심 있는 분야를 지속적으로 깊이 있게 보는 것을 격려해주고, 관심이 덜해서 아예 읽기 않으려고 하는 분야는 적극적으로 제시해주는 것이 좋다. 5~6학년이 되면 위인전처럼 책에서 아이의 멘토를 찾아주는 형태의 읽기가 중요하다. 역사에 관련된 글들을 읽도록 도와주고 책에 대한 내용을 서로 이야기할 수 있는 기회도 마련되어야 한다. 친구들과 함께 하는 독서 모임도 어느 정도 활성화할 수 있는 시기다. 그리고 명작 동화도 요약된 내용을 읽게 하기 보다는 전체를 읽을 수 있도록 해주는 것이 좋다.

한 가지 더, 우리가 짚고 넘어갈 것은 글을 읽을 때 생동감 있고 실감나게 읽어보는 것이다. 우리가 보통 소리 내어 글을 읽을 때 딱딱한 모노톤의 기계음처럼 읽지 않는다. 우리는 글을 읽을 때 억양의 높낮이, 리듬과 강세, 쉼 등을 통해서 좀 더 글을 쉽고 재미있게 읽을 수 있다. 감정을 이입해서 글을 읽는 경우 더 실감나게 글을 접할 수 있게 된다.

글을 실감나게 읽게 되면 글의 내용이 좀 더 이해가 잘 될 뿐만 아니라 감정이나 상황에 대한 이해도 좀 더 좋아진다. 억양이나 운율을 통한 청각적인 자극들이 문장이나 단어들을 기억할 수 있도록 돕는다. 우리가 "과일 사러 가자"라는 문장을 썼을 때 '과일'을 강조해서 읽느냐, '사러'를 강조해서 읽느냐, '가자'를 강조해서 읽느냐에 따라 문장의 의미가 달라질 수 있다. '과일'을 강조해서 읽는다면 다른 것이 아닌 과일을 산다는 것이고, '사러'를 강조한다면 사겠다는 의미를, '가자'는 인터넷 주문이 아닌 직접 가는 것을 의미한다. 물론 이러한 강조는 상황이나 문장이 사용된 맥락을 파악해서 살펴봐야 하지만, 의도를 가지고 사용할 수도 있다.

그리고 인물 간의 대화에서 화를 낼 때는 격앙된 문장으로, 행복할 때는 즐겁게 노래 부르듯이 읽는다면 감정선을 완벽하게 이해하고 있다고 해도 과언이 아니다.

글을 실감나게 읽기 때문에 아이가 글을 잘 이해할 수 있는 것인지, 아이가 글을 잘 이해하고 있기 때문에 글을 실감나게 읽을 수 있는 것인지에 대한 선후관계는 아직 불명확할 수도 있다. 하지만 실감나게 읽는 아이가 글에 대한 이해는 물론 감정까지 이입을 해서 읽고 있으며 글을 잘 이해하고 있는 것도 분명하다. 아이들이 구연동화 하듯이 글을 읽는다면, 아이의 읽기 태도를 존중해주고 충분히 격려해야 한다.

글을 읽고 난 다음에 아이가 얼마나 잘 읽었는지는 명확하지 않다. 아이가 먼저 표현하기 전에 글에 나와 있지 않은 내용을 얼마나 잘 유추하고 있는지, 글에 나오는 주인공 혹은 글을 쓴 사람의 감정을 어떻게 반영하여 읽었는지 알기 어렵기 때문이다. 그리고 아이들은 자신이 읽은 글의 내용을 부모가 물어보는 것도 원하지 않는다. 자신이 제대로 읽었는지 부모에게 확인받는 기분이 들기 때문이다.

언어치료에서 아이들의 언어 해결력을 보는 '언어문제해결력 검사'에서도 글을 듣고 그림을 보며 원인과 결과를 파악하는 것은 물론 서술되지 않은 내용을 추론하거나 해결 방법을 주는 과제들을 제시한다. 예를 들어서 대문 앞에 공을 든 아이가 서있는 그림이 있다. 난감한 표정으로 초인종을 누르는 듯 보이는 아이다. 잔뜩 실망한 듯한 얼굴도 보인다. 그리고 문장의 설명은 이렇다. "아이는 친구에게 축구공을 돌려주려고 왔어요. 그런데 친구가 집에 없는지 여러 번 초인종을 눌렀는데도 아무도 나와 보지 않아요" 여기에서 빠진 내용을 짐작해보면 "아이는 친구에게 미리 연락을 하지 않았다"는 것을 짐작할 수 있다. "다음부터 어떻게 해야 할까요?"라고 물었을 때 아이는 "미리 친구에게 연락해서 친구와 약속을 잡습니다", "언제 집에 있는지 확인해야 합니다" 이런 이야기를 해야 한다. 즉 내용에 직접적으로 나와 있지 않은 이야기를 추측 · 예측해서 해결 방안이나 이야기를 생각해야 한다.

그래서 아이들이 글을 읽을 때 사실적인 질문보다는 여러 가지를 생각하고 대답할 수 있는 열린 질문들을 던지는 것이 좋다. 부모가 먼저 책을 읽었을 때의 느낌을 이야기해주고 아이의 생각을 물어보는 것도 방법이다. 우리가 글을 읽는 가장 큰 이유는 글쓴이의 마음이나 감정을 공감하기 위해서이기도 하다. 아이들을 글을 통해서 많은 것을 생각하고 글에는 빠져있지만 앞뒤의 내용을 생각해보고 그것을 상상하면서 내용을 채워 넣을 수 있어야 한다. 또 자신의 일은 아니지만 글에 나와 있는 이야기를 읽으며 자신의 일인 양 기뻐하고 슬퍼하고 걱정할 수 있다면 그보다 더 잘 읽었다 할 수 없을 것이다. 부모가 아이의 읽기를 옆에서 조금만 도와줘도 아이는 좀 더 많은 생각, 좀 더 넓은 생각을 하면서 글을 읽을 수 있다. 글 읽기의 궁극적인 목표는 낱말 읽기나 문장 읽기가 아니라 내용을 진심으로 알고 이해하는 것임을 잊어서는 안 될 것이다.

초등 언어능력, 이것이 궁금하다

Q. 부모가 읽어주거나 스스로 읽는 것을 싫어해서 책 읽어주는 북패드를 활용하고 있는데 괜찮을까요? 시각 영상 자료가 안좋은 건 알지만 그래도 다른 것보다는 이게 나을 것 같아서요.

제가 아이들을 키울 때도 그랬고 예전 부모들은 식당이나 대중교통 안에서 돌아다니면서 제멋대로 구는 아이들 때문에 진땀 꽤나 흘렸습니다. 그런데 지금은 스마트폰이 있으니 그거 하나 손에 쥐어주면 편안한 시간이 보장될 수 있습니다. 어쩌면 부모들의 숨통을 틔워주는 고마운 기계입니다.

시각적 자료의 나쁜 점을 잘 알면서도 부모들은 유튜브나 동영상 사이트에 있는 동화를 틀어주며 안심하기도 합니다. 하지만 책으로 인쇄된 것이 아니고 부모가 함께 읽어주는 것이 아니라면 시각적으로 흘러가는 동영상이라는 측면에서 다른 동영상과 별반 다르지 않습니다. 지나치게 핸드폰이나 태블릿PC 속 동화 영상에 길들여지기 전에 다양한 글을 보여주고 읽어주는 것이 가장 의미 있을 것입니다.

텔레비전이나 컴퓨터 영상을 보지 못하게 할 수는 없습니다. 그럴 때는 아이 옆에서 같이 보면서 이야기하고 때로는 질문도 던지고 아이의 이야기에 고개도 끄덕이는 시간을 가지라고 권합니다. 보통 부모들이 아이들에게 영상을 볼 때 아이에게 스마트폰이나 태블릿PC를 던져주고 자기 이야기나 활동에 몰두하기 때문에 문제가 더 큽니다.

이왕이면 다른 영상들보다 동화와 같이 아이 연령에 맞는 영상을 보는 것이 좋겠지만, 동화 영상을 본다고 해서 동화책을 읽는 것과 같지는 않음을 잊지 말았으면 좋겠습니다. 책으로 본 동화를 영상으로 보여주거나 영상을 본 동화는 책으로 다시 한 번 보여주는 것이 좋습니다.

Q. 혼자 읽을 수 있는데도 계속 책을 읽어달라고 하네요. 그림이 없는 책은 읽으려고 시도조차 하지 않아요. 언제까지 기다려야 하나요?

부모가 책 읽어주는 것을 좋아하는 아이라면 초등학생이어도 부모가 충분히 읽어주는 것이 좋습니다. 책을 읽어주는 소리를 들으면 부모와 감정의 공유도 이뤄지기 때문입니다. 책을 펼쳐놓고 함께 본다면 아이와 부모가 책을 읽는 것이고, 잠자리에서 부모가 들려주는 책 내용을 듣는다면 듣기 능력을 키울 수 있습니다.

아이의 읽기 능력은 '혼자 스스로 읽기'가 가장 중요한 기준이 되는 것은 맞습니다. 읽는 능력이 한글을 읽는 능력이 아니므로 얼마나 이해했는가가 중요합니다. 혼자 읽어도 내용을 제대로 이해하지 못한다면 읽는 것은 내용 읽기가 아니라 문자를 읽는 것에 불과합니다. 그리고 책을 읽어주는 것은 아이가 원하는 때까지입니다.

글자가 많은 책을 읽기 싫은 것은 어른들도 마찬가지입니다. 글밥이나 인쇄된 내용을 보고 쉽지 않겠다고 판단이 서면 어른들도 책을 읽기 어렵습니다. 따라서 관심 분야의 책으로 접근을 시작하는 것이 좋습니다.

초등학교 고학년에 이른 사춘기만 와도 아이가 부모에게 책을 읽어달라고 요구하는 것은 거의 드물 것입니다. 부모가 아이에게 책을 읽어줄 수 있는 시간도 얼마 남지 않았습니다. 함께 책을 읽으며 아이가 독서하려고 하는 마음가짐을 칭찬해주고, 관심 분야부터 스스로 읽게끔 도와주는 것이 어떨까요?

언어능력을 표현하는 '쓰기'

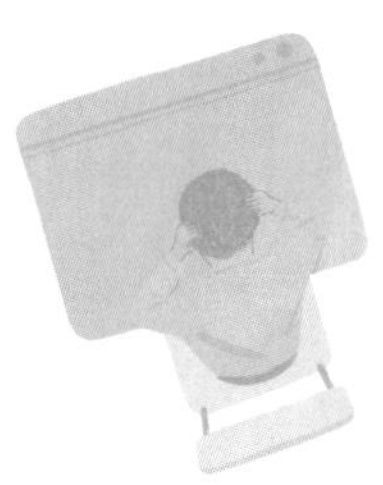

쓰기 발달 과정

쓰기 전 단계 : 영유아기

상징놀이가 가능하다

그리기가 가능하다

글씨는 쓰지 못하더라도 그림으로 그려 설명할 수 있다

쓰기 시작하는 단계 : 취학 전~초등 저학년

철자를 정확하게 쓸 수 있다

맞춤법을 소리 나는 대로 쓰기도 한다

문장이나 구문을 쓸 때 문법적인 혼동이 일부 보인다

시제의 혼동이 일부 보인다

자기 중심적 단계 : 초등 고학년

생활문과 같이 경험을 쓰는 활동을 어려워하지 않는다

쓰는 문장이 길어진다

주어 서술어 관계가 명확한 글을 쓸 수 있다

단락 쓰기에서 일관성이 보인다

쓰기가 익숙해지는 단계 : 중등

글에서 쓰는 이의 스타일이 나타난다

단어를 사용하는 능력이 좀 더 유연해진다

시제 표현이 좀 더 자연스럽다

논리적인 쓰기가 가능하다

다양한 형태의 쓰기 단계 : 고등

글의 종류에 따른 글쓰기가 가능하다

쓰기를 통해 자신의 생각이나 알고 있는 내용을 전달한다

단어나 구문에 대한 사용이 좀 더 유연해진다

긴 분량의 완성도 있는 글을 쓸 수 있다

• 1장 •

우리 아이 쓰기, 어디까지 왔나

쓰기는 생각과 읽기가 기반이다

"자, 여러분, ○○○에 대해서 글을 한 번 써보세요." 수업 시간이나 모임에서 이런 이야기를 들었을 때 누구나 한 번쯤은 한숨을 쉬어본 경험이 있다. 수업 시간에도 마찬가지여서 어떤 학생들은 종이에 무언가를 쓰기 시작하지만 대다수 학생들은 무엇을 어떻게 써야 할지 몰라서 고민한다.

학교에 입학하는 순간부터 해야 하는 글쓰기 과제 중 하나는 일기와 독서록이다. 일기를 쓰는 아이들을 보면 참 안타깝다. 어떻게 써야 할지, 어떻게 해야 할지도 모르면서 어른들도 어려워하는 글쓰기를 숙제라는 이름으로 해내야 하는 것이 요즘 초등학생들의 현실이다.

작문, 즉 쓰기는 '자신의 생각이나 느낌, 또는 정해진 주제에 관련된 내용을 조리 있고 명확하게 글이라는 매체로 표현하는 것'이다. 글을 쓰는 능력은 읽기 이해력보다 훨씬 더 많은 여러 가지 능력과 지식을 사용해야 한다. 따라서 쓰기는 언어능력의 최상위에 있으면서 가장 어려운 영역이기도 하다. 글을 많이 읽는 독서가나 훌륭한 말솜씨를 가진 사람들조차도 결코 자동적으로 이루어질 수 없다.

쓰기는 초 · 중 · 고등학교뿐만 아니라 대학생, 직장 생활을 할 때도 중요한 역할을 한다. 자신이 경험한 내용이나 조사한 내용을 바탕으로 보고서를 쓰고 대학 입시를 준비하는 중고등학교 시기에는 자신의 주장을 논리적인 근거를 가지고 제시하는 논술을 하게 된다. 그리고 대학에서는 레포트라는 이름으로 많은 쓰기 과제를 해야 한다. 직장에서도 여러 형태의 기획서, 보고서 등을 쓴다.

쓰기의 결과물은 공식적인 자료가 된다. 자신의 의견과 지식을 잘 정리하고 그것을 글로 쓸 수 있는 능력은 누구나 가지고 싶은 중요한 능력이다. 글쓰기를 위해서 필요한 능력에 대해 많은 학자들이 맞춤법, 쓰는 유창성, 어휘력, 구문력, 작업 기억, 사고 능력, 자기 조절 능력 등을 꼽는다. 이러한 능력들은 꾸준한 연습과 학습을 통해서 완성되며, 장기간에 걸쳐 서서히 발달하게 된다.

쓰기에서 가장 중요한 것은 생각, 즉 아이디어다. 글의 내용을 쓰는 사람이 직접 만들어내야 하기 때문이다. 주제를 생각하고 계획하고 그 내용을 어떻게 써내야 하는지, 어떤 순서와 구조로 만들어야 되는지를 끊임없이 구상해내야 한다. 사실 처음에는 굉장히 추상적인 생각이었겠지만 이것을 글이라는 매개체로 풀어쓸 때는 구체적인 내용이 돼야 한다.

예를 들어서 '엄마'라는 주제로 글을 쓴다고 생각할 때, 처음에는 엄마에 대한 구체적이지 않고 추상적인 이미지가 떠오른다. 엄마와 관련된 이런저런 느낌과 사건들이 생각났다가 그것을 정리하면서 엄마라는 구체적인 이미지를 떠올려 이야기를 쓸 수 있게 된다.

글을 쓰는 것이 끝이 아니라 이것을 어떤 주제로 어떻게 쓰느냐에 따라 글의 느낌이나 흐름이 달라진다. '엄마'라는 주제를 가슴 뭉클한 에세이로 풀어나갈 수도 있고, 엄마의 사전적 의미와 역할에 대해서 쓸 수도 있기 때문이다. 이렇듯 쓰기는 생각을 언어로 써내는 과정이다. 그래서 쓰기 과제가 주어졌을 때 어떤 생각을 가지고 있는지, 그 생각을 어떻게 풀어내 다른 사람들에게 다가갈 것인지가 무엇보다 중요하다. 그리고 반짝이는 아이디어가 글을 살릴 수 있다.

이러한 쓰기를 위해서는 그 나이 언어능력에 맞는 글에 대한 언어능력을 가지고 있어야 한다. 특히 읽기 발달은 쓰기 발달에 영향을 미치고, 쓰기 발달은 읽기가 기반이 되기 때문에 읽기 발달이 쓰기에 있어서 매우 중요한 것은 분명하다. 읽기와 쓰기는 글이라는 매체를 기반으로 한 언어능력이라는 점에서 공통점이 있다. 글자로 무언가를 읽고 쓰는 능력이 요구되며, 글자를 모르면 실행할 수 없다. 단어를 읽을 수 있어야 하는 것처럼 단어를 쓸 수 있어야 하고, 단어의 정확한 의미를 알아야 잘 쓸 수 있는 것은 읽기와 마찬가지다.

이렇듯 읽기는 쓰기에 큰 영향을 미친다. 첫째, 쓰기에 있어 이론이나 배경적 지식 또한 매우 중요한데 이는 듣기나 읽기를 통해 다양하고 폭넓게 만들어갈 수 있다. 특히 읽기는 듣기와 달리 시간적 · 공간적 제약 없이 많은 지식을 쌓을 수 있는 매개체가 된다. 아는 것이 많아야 더 잘 쓸 수 있고 다양한 배경지식들은 쓰기의 내용을 더욱 풍요롭게 한다. 예를 들어서 한복에 대한 글을 쓴다고 할 때 한복에 대한 다양한 지식을 알고 있지 못하면 제대로 쓸 수 없다. 우리가 한복에 대한 정확하고 다양한 지식을 빠르게 습득할 수 있는 가장 좋은 방법이 바로 읽기다.

둘째, 읽기를 통한 경험은 표현을 더욱 풍부하게 한다. 글을 통해 읽은 많은 표현을 내용을 쓰는 과정에서 적절하게 쓸 수 있다. 글을 매개로 한다는 점에서 읽기와 쓰기는 모두 문어체적인 특징을 가진다. 따라서 글에서 찾은 좋은 표현, 글의 흐름에 맞는 적절한 표현은 쓰기 과정에서 잘 활용될 수 있다.

셋째, 읽기 경험이 많으면 글을 쓸 때 내용의 뼈대를 만들거나 내용을 구성하는데 있어서 큰 도움을 받을 수 있다. 좋은 글을 많이 읽었다면 훨씬 더 잘 쓸 수 있고, 자연스럽게 앞뒤의 내용을 연결해가며 쓸 수 있다. 좋은 글은 쓰는 사람들에게 모델링의 수단이 되기도 하고 벤치마킹의 대상이 되기도 한다.

초등학교에 입학한 아이들은 당장 쓰기를 어떻게 시작할지 막막할 수밖에 없다. 글의 주제에 맞는 아이디어도 주제가 어떤 것인지에 대한 정확한 그림도 그리기 어려운 경우가 많다. 그래서 여러 장르의 글 읽기를 통해서 쓰기의 기본을 만들어주는 과정이 필요하다. 글의 장르를 다양하게 읽어본 아이들이 글도 폭넓게 쓸 수 있다. 설명문이나 논설문, 그리고 동화나 에세이가 가진 각각 문체의 차이를 파악하고, 흐름을 끌고 나가는 방법을 자연스럽게 배울 수도 있다. 이것은 단순히 이론만 가지고 알 수 있는 것이 아니라 읽기를 통해서 보완되어야 한다.

특히 초등학교 저학년이 하는 쓰기가 일기와 독서록이라는 점에 비추어보면, 일기와 독서록이 가진 성격을 잘 파악하는 것이 도움이 된다. 일기는 자신의 하루 생활을 정리하는 생활문에 더 가깝고 독서록은 책에 대한 느낌을 쓰는 것이다. 일반적으로 독서록은 만화, 광고문, 그림, 편지글 등 다양한 형식으로 표현이 가능하다. 따라서 이러한 글의 형식에 대한 구체적인 이해가 있어야 글을 좀 더 쉽게 쓸 수 있다.

아이들에게 독서록을 써보게 할 때 읽은 책을 바탕으로 형식을 먼저 고르게 했다. "오늘은 편지를 써보고 싶어? 아니면 만화를 그려 보고 싶어?" 아이가 만화를 그려보고 싶다고 하면 "어떤 장면을 그려보고 싶어?" 하고 물었다. 그러면 아이가 다시 책을 찾거나 책의 그림을 가리킨다. 그 다음부터는 아이가 직접 할 수 있도록 조금 기다려주었다. 처음에는 막막해하던 아이가 좀 더 자신감을 가지고 독서록을 쓸 수 있게 되었다.

생각과 읽기가 아이들이 쓰는 글을 더욱 빛나게 할 수 있다. 생각과 읽기가 잘 기반이 된다면, 아이들의 글은 다른 또래들의 글보다 여러 면에서 주목받을 수 있고 아이들도 자신의 글을 읽은 사람들의 반응이나 이해도를 보고 쓰기에 자신감을 가질 수 있을 것이다.

문법을 '잘' 알아야 쓸 수 있다

우리는 글을 쓸 때 문장이나 글자의 형태를 거의 자동적으로 구성하게 된다. 여기에서 자동적이라는 것은 글의 내용이 정해져 있다면 글자의 형식에 대해서는 많이 고민하지 않고 모양에 맞추어 빠르게 완성해 간다는 뜻이다. 아이들도 초등학교에 입학해 저학년 시기를 지나면 처음에는 글자를 더듬더듬 어렵게 채워 넣지만 점점 속도도 빨라지고 잘못 쓴 부분을 찾아낼 수도 있으며, 글씨 모양도 점점 더 자연스럽게 줄이나 칸에 맞추어 쓸 수 있다.

말에만 유창성이 있는 것이 아니라 글에도 유창성이 있다. 적어도 듣거나 생각한 것을 무슨 단어를 어떻게 써야 할지 몰라서 망설이면 글쓰기의 유창성이 떨어진다. 빠르게 써내려가는 것이 어려우면 글을 쓰는 시간이 오래 걸린다. 예를 들어서, 오른손잡이인 우리가 왼손으로 글을 쓸 때, 혹은 글을 쓰다가 어떤 단어의 맞춤법이 헷갈리게 될 때를 생각해보면 쉽게 짐작할 수 있다. 갑자기 글쓰기는 더디게 되고 때로는 멈추게도 된다. 한 글자 한 글자 써내려가기 위해 집중하는 시간이 너무 길어진다.

쓰기의 특성상 글자는 중요한 매개체가 된다. 따라서 정확한 글자를 아는 것이 매우 중요하다. 그리고 부수적이지만 국어 문법이나 문장 부호, 띄어쓰기 같은 것도 꼭 알아야 한다. 마침표를 찍어야 문장이 끝났다고 생각하고 묻는 말에는 물음표를 붙인다. '할거야.'와 '할거야?'는 완전히 의미가 달라지는 말이다. 과거의 일에 대해서는 과거 시제(했었다), 앞으로의 일에 대해서는 미래 시제(할 것이다)의 문장을 사용해야 한다.

이렇듯 정확한 표현이나 문법에 맞는 문장의 사용 없이는 제대로 글을 쓸 수 없다. 이러한 것들이 정확한 문장을 만들게 되고, 정확한 문장이 글을 구성해야 좋은 의도가 잘 전달될 수 있기 때문이다.

만약 글을 쓰는 과정에 문제가 있다 보면, 그것만 해도 힘들고 어려워서 내용에 집중할 수 없게 된다. 왼손으로 글자를 제대로 쓸 수가 없으니 글씨를 바르게 쓰는지, ㄱ을 ㄱ으로 맞게 쓰고 있는지만 신경 쓰게 된다. 글의 흐름이 괜찮은지, 원래 생각했던 대로 잘 써지고 있는지까지 생각할 겨를이 없다. 오히려 자음 하나하나와 모음 하나하나의 표기에만 신경이 쓰인다.

맞춤법이 불명확한 글을 일부러라도 한 번 써보면 글을 쓸 때의 불안감이 이해가 될 것이다. 맞춤법에 대해서 잘 모르는 아이라면, 맞춤법에 집중하느라 결국 쓰기의 어려움으로 연결되리라는 것을 짐작할 수 있다. 아이들이 글을 쓰다가 중간에 "없다가 받침이 ㅂ이야 ㅂㅅ이야?" 하고 물어보는 횟수가 잦아지면 글 자체에 차분히 집중해서 쓰기가 불가능한 것이다.

읽는 입장에서도 정확한 맞춤법은 매우 중요하다. '밥이 없다'의 '없다'를 말할 때는 /업따/라고 하니, 우리는 그 말을 듣고 문맥상 없다는 뜻이라는 것을 짐작하면서 말을 듣게 된다. 하지만 '없다'와 '업다(등에 아이를 업다)'는 단어를 썼을 때는 완전히 의미가 달라진다. 따라서 아이가 글을 쓸 때 자신의 의도를 잘 전달하기 위해서는 정확한 맞춤법을 써야 한다. 쓰는 사람이 "이게 무슨 말이니?" 하고 계속 묻는 형태의 쓰기는 글을 읽을 때도 이해를 돕지 못한다는 점에서 안타깝다.

우리말은 띄어쓰기도 매우 중요하다. 어떻게 띄어쓰기가 되어 있느냐에 따라 의미의 전달이 달라질 수 있다. 앞에 언급한 문장 중의 하나인 "아버지가 방에 들어간다"와 "아버지, 가방에 들어간다"를 비교해보면, 완전히 다른 의미의 문장이 되는 것을 알 수 있다. 읽는 것도 의미를 담아 읽으려면 어려운데, 쓰는 것을 의미 단위로 띄어 쓰지 않는다면 뜻을 정확하게 전달하기 어려우리라는 것을 짐작할 수 있다.

그렇다고 해서 맞춤법이나 띄어쓰기를 완벽하게 알 때까지, 혹은 숙련될 때까지 쓰기 교육을 기다려야 한다는 것은 아니다. 소리-글자의 관계를 인식하기 시작하는 아이들에게도 간단한 문장을 글로 써보게 한다거나 그림과 곁들여서 글자를 써보게 하는 것이 이후 쓰기에 도움이 될 수 있다. 글을 잘 쓰는 것이 목표가 아니라 글을 통해서 나의 의견을 쓰고 다른 사람들이 내 생각을 이해하게 하는 소통이 목표이기 때문이다. 그래서 초등 저학년부터의 쓰기 연습은 좀 더 쉽고 재미있고 다양한 방법으로 진행되는 것이 좋다.

글의 문법은 말의 문법보다 좀 더 엄격하다. 글보다는 말이 좀 더 정확한 문법을 갖춘 문장으로 되어 있기 때문에 정확한 문법을 기반으로 정확하게 써주어야 의미 전달이 훨씬 더 원활하고 자연스럽다. 상대방이 이해하지 못하면 다시 자세하게 설명을 해줄 수 없다는 것을 기억해야 한다.

"아까 그 친구가 있잖아, 그냥 나보고 웃는 거야. 아까 전에도 봤지? 이상하게 웃는 거? 입을 위로 그렇게 올리고 웃잖아. 나 엄청 기분 나빴어." 이 이야기를 들은 사람들은 '자기를 쳐다보는 누군가 때문에 기분이 나빴구나' 하고 생각한다. 이것을 글로 쓴다면 어떻게 될까? "그 친구가 아까부터 자꾸 나를 보고 웃기만 했다. 입꼬리를 올리고 웃는 모습 때문에 더 기분이 나빴다."

말은 순서가 조금 틀려도 혹은 생각했던 것과 흐름이 조금 달라도 이해하는데 크게 어려움이 없다. 말을 한 번 하고나서도 다양한 내용을 덧붙일 수도 있다. 하지만 글은 정확한 시간적 순서와 표현으로 써야 한다. 대신 쓰고 나서 '퇴고'라는 과정이 있어서 혹시 잘못 썼다면 정확하게 고칠 수도 있다. 하지만 퇴고 이후의 글에 대해서는 글쓴이가 생각을 덧붙일 수도, 자세하게 이야기해줄 수도 없다. 읽는 사람이 글 자체가 이해되지 않으면 소용없다는 뜻이다. 글의 문법이 중요한 이유도 글을 읽는 사람의 이해도를 높이기 위한 작업이다.

초등학생 시기에는 맞춤법이나 문법을 일부러 공부하거나 외울 필요는 없다. 어떤 형식으로든 글을 충분히 많이 접해본 초등학생이라면 자연스럽게 습득되는 것 중 하나다. 초등학생의 쓰기는 그 이후에 쓰게 될 글처럼 길거나 매우 전문적인 정보를 담고 있지 않아도 아직은 괜찮기 때문에 사용되는 문법이나 단어 수준도 쉬운 편이다. 시제나 주어-서술어 관계 정도에 정확한 개념을 가지고 있으면 충분하다.

초등학교 아이들이 생소한 외래어나 맞춤법이 헷갈리는 단어를 쓸 확률은 낮은 편이기도 하다. 단지, 아이들이 이러한 맞춤법이나 문법을 잘 모르는 경우에는 써야 할 내용을 잊어버리거나 정확한 단어를 쓸 수 없어 자신의 의도를 잘 전달하기 어렵다. 반면 맞춤법이나 글쓰기 문법이 잘 갖추어져 있으면 글을 쓸 때 주제나 내용적인 면에 집중할 수 있어 충실한 쓰기가 가능하다. 읽기와 마찬가지로 쓰기에서 중요한 것이 기억력과 집중력이다. 이것을 활용해서 정확한 맞춤법이나 문법을 사용하는 능력은 쓰기에 있어서 필수적이라고 해도 과언이 아니다.

필기 능력과 아이디어가 기본

쓰기는 말하기보다 훨씬 더 시간도 많이 걸리고 표현이나 문법에도 신경을 써야 하기 때문에 상당한 수준의 언어능력을 필요로 한다. 외국에서는 쓰기 교육을 초등학교 이전에는 시키지 않거나 저학년이 되어서도 최소화하는 경우가 많다. 글 쓰는 자체가 아니라 글을 쓸 때 생각이 중요하기 때문에, 그리고 아직 글을 쓰기에는 여러 가지 준비가 덜 되었다고 보기 때문이다.

글쓰기는 머리에 생각한 것을 손으로 써내야 하는 작업이다. 따라서 생각하는 힘과 쓰는 힘이 필요하다. 눈과 손의 협응력이 중요하고 공책이나 종이에 어떻게 써야 할지에 대한 공간적인 개념도 가지고 있어야 한다. 아무리 요즘 컴퓨터가 많이 생겼고 글씨가 아닌 다른 수단으로 글을 쓸 수 있는 기회가 많아졌다지만 필기 능력은 글을 쓰는

데 가장 기본이 되는 기술이다.

필기라 함은 쓰기 자체의 기술이다. 아무리 좋은 생각을 가지고 있고 필력이 좋아도 연필을 손에 잡고 쓰는 것이 안되거나 컴퓨터 자판을 누를 수 없다면 글을 쓸 수가 없기 때문이다.

쓰기를 가르치기 위해서 일반적으로 선긋기나 줄 따라 긋기부터 시작한다. 점의 시작부터 끝까지 쓰는 연습이 출발점이다. 직선이었다가 곡선으로 바뀌기도 하고 지그재그 모양으로 가기도 하는 한글 쓰기 전 학습지들을 서점에서 흔히 볼 수 있다. 굳이 사지 않더라도 부모가 그어주고 따라 그리게 하면 된다. 이렇게 필기 연습을 할 때 사인펜은 작은 힘에도 쉽게 쓸 수 있기 때문에 좋은 도구라고 보기 어렵고 샤프도 적절하지 않다. 초등학생들도 힘 조절이 어려워서 심이 잘 부러지기 때문이다.

연필에 힘을 줄 수 없다면 연하고 희미한 선 외에는 그을 수 없고 점의 끝까지 잘 가지도 않는다. 너무 힘을 과하게 주는 아이라면 연필심이 자꾸 부러지고 힘이 너무 많이 들어가서 종이가 찢어지기도 한다. 글씨를 쓰려면 힘 조절을 적당히 할 수 있어야 하고 원하는 지점에 와서는 연필을 떼었다가 다시 쓸 수 있어야 하며 적당히 꺾어서 쓸 수도 있어야 한다. 줄이나 칸을 넘지 않는 것도 중요한 기술이다. 어른들에게는 단순하고 쉬워 보이지만 아이들에게는 하나하나가 참 쉽지 않다. 그래서 쓰기는 더욱 많은 반복과 훈련이 필요한 과정이라고 할 수 있다.

아이들은 연필을 쥐는 것부터 쉽지 않다. 아이들이 쓰기 연습을 하면서 가장 많이 하는 말 중의 하나는 "힘들어", "하기 싫어"일 것이다. 초등학교 입학 전 아이들이 쓰기를 할 만한 손가락의 힘이나 손목의 운동성이나 유연성을 갖추지 못한 상황에서 너무 일찍부터 쓰기를 시작하고 있지는 않은지 확인해보아야 한다. 그림을 그리거나 선을 긋거나 낙서를 하는 등 다양한 과정을 통해서 손가락이나 손목의 힘을 키운 후에 글자를 써도 좋을텐데, 부모들은 글씨 쓰는 데만 욕심을 내는 경우도 많다.

또 하나 놓치지 않아야 할 것은 '쓰기'라는 것은 읽기와는 달리 글의 내용을 글을 쓰는 사람이 만들어내고 표현해야 한다는 것이다. 어떤 내용으로 어떤 주제를 가지고 써야 하는지가 중요하다. 무엇을 가지고 쓸까에 대한 구체적인 생각 없이는 좋은 글을 쓸 수 없다.

쓰기의 아이디어를 떠올리는데 초등학교 아이들이라면 부모와의 대화는 필수적이다. 아이들은 '무엇을' 써야 할지부터 '어떻게' 써야 할지, '어떤 방법으로' 이야기를 풀어나가야 할지 모든 것이 막막하고 어렵다. 그런 아이들의 생각을 정리해주고 일상적인 경험을 좀 더 특별한 것으로 만들어주는 것이 바로 부모와의 대화다.

아이가 인형이라는 주제를 가지고 글을 쓴다고 하자. 아이는 자신이 좋아하는 강아지 인형으로 글을 쓰고 싶다고 한다. 특히, 그 인형을 가지고 친구들과 동물원 놀이를 했었던 것이 재미있었다고 말한다. 그것만으로도 충분한 글감이 될 수 있을 것이다. 그런데 여기에 부모가 좀 더 이야깃거리를 덧붙여준다. "아이가 강아지를 사달라고 했는데, 동물 털 알레르기가 있어서 어렵겠다며 대신 사준 것이 이 인형이었다. 가게에서 강아지와 고양이 인형 둘 다 사고 싶어했지만 결국 강아지를 골랐다"는 예전 기억을 떠올려 준다. 그러면 아이가 쓸 수 있는 이야기가 더 풍성해질 수 있다. 또는 "강아지 인형 옆에 고양이 인형도 있었다. 강아지 인형이 더 마음에 들었다"로 바꿀 수 있다. 이처럼 대화를 통해서 대상에 대해 자세하게 생각하고 경험을 떠올릴 수 있다. 자신이 한 것, 본 것, 들은 것, 생각이나 느낌 같은 것 말이다.

쓰기의 아이디어를 얻을 수 있는 또 다른 방법 중 하나는 경험이다. 쓰고자 하는 주제에 대한 다양한 경험, 특히 읽기 경험이 많다면 훨씬 더 글을 쓸 때 방향을 잡기도 내용을 정하기도 수월하다. 쓰기에서 필요한 다양한 지식을 배경지식이라고 하는데, 이러한 배경지식은 초등학교에 입학한 이후 아이들의 언어능력에 꼭 필요하다. 배경지식이 많은 아이들이라면 글을 쓰는데 어려움이 없다.

쓰기에 필요한 지식들을 수집하고 정리하기 위해서 주제 독서를 하는 것은 매우 좋다. 쓰기 위한 주제만 정해졌다면 얼마든지 시도해볼 수 있다. 따라서 이러한 아이디어를 표현할 수 있는 배경지식만 잘 가지고 있다면 내용만 잘 구성하는 것으로도 충분하다.

"책을 많이 읽는데 우리 아이는 왜 쓰기가 안되나요?" 하는 질문도 받는다. 물론 읽기 경험이 많은 아이들이 잘 쓸 수 있는 확률은 높다. 쓰기와 말하기는 표현하는 수단으로서는 동일하지만 쓰기는 말하기에 비하면 어렵고 아이들에게는 결코 재미있는 작업이 아니다. 자신의 생각을 다른 사람들이 이해할 수 있도록 써야 하는 과정이기 때문에 다른 사람의 생각을 파악하면 되는 읽기보다 훨씬 더 수준 높은 언어능력이라는 점을 잊어서는 안 된다. 안타까운 경우는 많이 읽기만 한 아이들이다. 읽기에서도 강조했지만 많이 읽는 것에만 집중하다보니, 글의 내용을 잘 이해하지 못할 수 있다. 숙제를 위해서 글을 읽다보니 내용을 잘 파악하거나 공감하면서 읽는 경우가 드물다. 그러다보니 글을 위한 배경지식이 아니라 그냥 글자만 읽은 셈이 되어버리는 경우가 많다.

아이가 한 번에 쓰는 글의 길이가 긴 것이 중요한 것이 아니다. 특히 저학년 시기에는 아이의 쓰기에 대한 격려와 많은 기다림이 필요하다. 이 시기에는 한 단락의 제대로 된 글을 쓰는 것도 쉽지 않을 수 있다. 거기에 주제가 정확하게 담기기란 더욱 힘들다. 아이의 쓰기를 지지하고 격려하는 일, 그리고 쓰기를 위한 준비 과정을 격려하는 일이 부모가 아이의 쓰기를 도울 수 있는 수 있는 가장 좋은 방법이다.

쓰기에 자신감이 있어야 한다

아이가 학교 과제로 쓴 일기장이나 독서록 같은 쓰기 과제를 부모가 보게 될 때가 있다. 그런데 우연히 보았더라도 아이의 글을 읽다보면 내용이나 표현이 어찌나 유치한지, 자신도 모르게 문장이나 표현을 지적하게 되고 때로는 아이의 쓴 내용까지 바로잡으려고 하게 되는 경우가 많다.

어른의 시각에서 보면 부족하기 그지없는 것이 아이의 글이다. 바른 문장을 쓰는 일도 중요하지만 초등학교 아이들의 글쓰기의 목적은 잘 쓰는데 있는 것이 아니다. 쓰고 싶은 마음이 가장 우선이다. 따라서 조금 유치하고 글의 주제가 하나가 아니라 여러 갈래로 나오더라도 글을 쓰는 아이의 생각이나 마음을 공감해줄 필요가 있다.

아이에게 쓰기를 지도함에 있어서 가장 좋은 방법은 자신감을 주는 것이다. 무엇보다 아이의 연령이나 발달 수준을 잘 파악할 필요가 있다. 초등학교 시기의 아이들은 신체 발달도 급속도로 일어날 뿐만 아니라 소통의 기본 태도가 잡힌다. 두뇌뿐만 아니라 인지 및 정서, 사회성까지 많은 부분에서 성장을 겪는 시기이기도 하다. 따라서 아이의 심리 상태가 어떤지 글을 쓰기 위한 준비는 어디까지 되어 있는지를 먼저 잘 파악해야 한다.

글쓰기 기술만 잘 가르치면 아이가 글을 잘 쓸 수 있을까? 글쓰기 기술을 가르친다는 것은 빵의 재료나 케이크의 굽는 법은 가르치지 않고 케이크 위에 올리는 데코레이션만 알려주는 것과 같다. 쓰기가 잘 이루어지려면 말하기, 듣기, 읽기의 고른 발달이 바탕이 되어야 한다는 점을 잊어서는 안 된다. 또한 또래 수준으로 어휘력과 사고력, 맞춤법이나 문법도 잘 갖추어져 있어야 좋은 글을 쓸 수 있다.

무엇보다 아이의 첫 쓰기 경험이 매우 중요하다. 초등학교에 들어간 혹은 그 이전 아이들이 보통 공식적으로 글을 쓰게 되는 가장 첫 단추는 그림일기다. 이는 글과 그림을 같이 쓰다 보면 글에 대한 부담이 덜어질 것이라는 생각에서 나온 것이다. 그리고 글로 표현하고 싶은 내용이 다소 부족하더라도 그림을 통해서 내용을 좀 더 풍부하게 드러낼 수 있다. 글도 잘 쓰고 그림도 잘 그리는 아이에게는 별 문제가 없겠지만 아이들은 보통 어느 한 쪽을 어려워하거나 두 가지 모두 힘들어하는 아이들이 대부분이다. 그림일기 역시 본격적인 글쓰기를 위한 연습 과정이기 때문에 부모들도 결코 완성도 높은 쓰기를 요구하면 안 된다. 초등학교 저학년의 경우 글의 완성도를 높이고자 한다면 결국 부모가 손을 대는 과정이 생길 수밖에 없기 때문이다.

학년이나 연령별 일반적인 쓰기 능력이 어느 정도인지 파악하면 좀 더 편안하게 아이들의 글을 바라볼 수 있다. 물론 이것은 일반적인 학년의 기준이긴 하지만 저학년 아이들이 또래보다 수준이 높은 글쓰기가 가능하기도 하고, 고학년이더라도 아직은 자기중심적인 글을 쓸 수도 있으므로 절대적인 기준은 없다.

처음 글을 쓰기 시작하는 초등학교 저학년 혹은 그 수준의 쓰기 능력을 가진 아이들은 생각을 자유롭게 쓸 수 있도록 도와주어야 한다. 일기의 내용을 살펴보아도 한 가지 주제로 글을 써 내려가기보다 이 이야기 저 이야기로 왔다 갔다 하는 경우가 많다. 그리고 "재미있었다"와 같이 자신의 경험을 단순화해서 드러내기도 한다. 이는 모두 이야기를 만들어내고 쓰는 능력이 아직은 미숙하기 때문에 나타나는 것이다. 읽다 보면 좍좍 긋고 싶은 쓸데없는 접속어의 사용이나 문법적으로 미숙한 표현들이 많다. '오늘', '나는'과 같은 표현을 반복적으로 사용하기도 한다.

3학년 정도가 되면 어느 정도 주제를 정한 글쓰기가 가능해진다. 자신의 읽기나 경험을 바탕으로 다양한 이야기를 이미 알고 있고 이를 글로 풀 수 있는 능력도 생겼다는 뜻이다. 그렇다고 해서 추상적이고 어려운 주제가 아니라 '나의 취미 생활', '여름방학', '여행'과 같이 구체적인 내용을 담은 주제를 쓸 수 있다는 것이다. 겪은 일을 쓰는 능력은 생겼지만 주제와 내용이 잘 맞지 않을 때도 많다. 지식이나 경험을 나열할 수는 있지만 쓰기가 궁극적으로는 글을 통해서 다른 사람들과 소통하는 수단이라는 점을 감안해볼 때 아직은 자기중심적인 측면에 머물러있다. 그래서 자신의 경험이나 이야기를 쓰는 것만으로도 충분하다.

고학년의 아이들은 좀 더 객관적인 글쓰기가 가능해진다. 사회, 과학 교과를 배우며 좀 더 추상적인 어휘의 경험이 많아지고 글을 쓰는 두뇌 역시 논리적인 사고가 가능해질 정도로 성장했기 때문이다. 주제도 좀 더 추상적이고 다소 어려워도 자신이 알고 있는 내용을 바탕으로 서서히 접근할 수 있다. 쓰기가 좀 더 성숙해지려면 학년이 더 올라가 중고등학교 시기가 되어야겠지만, 조금 더 생각을 담고 설명하고 주장도 펼칠 수 있는 글을 쓸 수 있다. 즉 글의 장르가 다양해진다는 것이다.

달팽이를 소재로 글을 쓴다고 가정해보자. 저학년 아이들은 "오늘 비가 왔다. 나는 달팽이를 보았다. 나는 달팽이를 집에 데리고 오고 싶었다. 나는 엄마에게 달팽이를 잡겠다고 했다. 그런데 엄마가 집에 오면 죽을지도 모른다고 했다. 이제 비가 안 왔으면 좋겠다."와 같이 쓴다. 3학년 정도 된 아이들은 비슷한 내용을 "오늘 비가 왔다. 비가 와서인지 아파트 화단에 달팽이가 매달려 있었다. 집에 데리고 올까 고민했지만 엄마가 '집에 오면 죽을지도 모른다'고 말씀하셨다. 그래서 달팽이를 그냥 두고 왔다." 이렇게 쓸 수 있다. 고학년이 된 아이들은 "달팽이가 살 수 있는 환경을 보호하자"라거나 "달팽이의 서식 환경"과 같은 주장이나 사실적 설명을 담은 글을 쓸 수 있다.

이러한 단계와 수준에 맞게 쓰기를 하고 있다면 많이 걱정하지 않아도 된다. 요즘은 학습에 대한 선행이 많다 보니, 쓰기에 대한 선행을 하면 쓰기에 자신감이 생기지 않을까 하고 생각하는 부모들도 있다. 하지만 결코 좋은 방법이 아니다. 오히려 글쓰기는 어려운 것이라는 인식을 심어줄 수 있다. 아이가 쓰는 것에 지나치게 간섭하지 않고 선생님이 검사를 하는 과제여도 부모는 되도록 손을 대지 않는 것이 좋다. 그리고 아이가 자신감을 가질 수 있도록 아이의 글과 표현을 보고 격려해주고 칭찬해주는 역할을 하는 것만으로도 충분하다.

글을 쓰는 것은 우리말 사용 능력을 최대한 높이고 언어를 통한 의사소통 수단 중 하나인 문자를 통해 자신의 생각을 원활하게 전달하는데 목적이 있다. 그런 면에서 쓰기는 다른 사람들과 소통하는 방법이다. 글을 쓰면 자신이 둘러싼 세계에 관심을 가지고 이를 바탕으로 많은 생각들을 정리할 수 있다. 머릿속에 들어있는 무엇인가를 누군가 읽게 되고 다른 사람들과 소통하는 과정을 거치게 되기 때문이다.

쓰기를 위해서 아이를 격려해주고 응원해주는 과정은 필수적이다.

특히 저학년 시기가 중요하다. 이 시기에 쓰기 경험이 좋았던 아이들은 이후로도 쓰기에 대한 관심이 많을 가능성이 높다. 그렇지 않은 아이는 안 그래도 힘들고 어려운 쓰기를 하기 싫어할 확률이 높아진다.

말은 안하고 살 수 없지만 쓰는 것은 안 쓰고도 살 수 있다. 쓰기 자신감은 하루아침에 생기는 것이 결코 아니다. 부모의 관심과 인정이 아이의 쓰기를 격려하고 촉진시킬 수 있다. 쓰기의 진정한 진가는 당장 초등학교 시기가 아니라 나중에 나타나기 때문이다.

• 2장 •

쓰기에 문제가 나타나는 이유

철자법, 맞춤법에서의 어려움

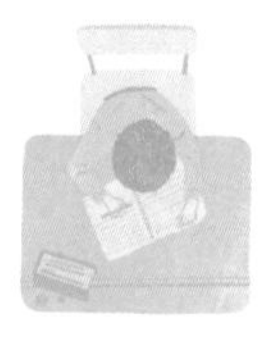

쓰기가 어려운 아이들 중에는 언어적 지식이 부족한 것이 아니라 단어의 글자 하나하나(하늘의 경우 ㅎ, ㅏ, ㄴ, ㅡ, ㄹ) 철자에 대한 지식이 부족해서 제대로 못쓰는 경우도 있다. 안타깝지만 쓰기에서 맞춤법을 정말 어려워하는 친구들이 더러 있다. 이 아이들도 원인이 다양한데 맞춤법의 규칙이 어려워서 맞추지 못하기도 하고 발음 규칙을 어려워하기도 한다.

맞춤법의 문제에서 가장 많이 틀리는 오류 중의 하나는 받침이다. 우리말에 나타나는 받침의 양상은 너무도 다양해서 정확한 맞춤법의 지식이 없이는 제대로 쓰기 쉽지 않다. 처음 글을 쓰는 것을 배우는 아이들이 흔히 하는 실수, 예를 들어서 "짧아요"라고 했을 때 "짤바요", "행복해요"를 "행보캐요"와 같이 쓰는 경우다.

특히, 우리말이 가진 다양한 규칙들 때문에 오류가 발생한다. 우리말에는 연음이나 동화 등 다양한 형태의 연음 규칙이 있고, 쓰는 방법과 말하거나 읽는 방법이 다르다. /궁물/이라는 말을 들었을 때 '국물'을 써야 하는데 제대로 쓰지 못하는 아이는 국어의 문법 규칙을 어려워하는 것이므로 맞춤법을 정확하게 쓰기가 힘들다.

철자나 맞춤법에 오류가 있다면 무엇보다 그 문장이나 글의 내용이 무엇인지 알 수 없기 때문에 읽어도 이해가 되지 않는다. '나는하느리노파서해복캐요'라는 문장을 보면 이것이 무슨 말인지 한 눈에 들어오지 않는다. 여러 번 되풀이해서 읽어보고 생각해야 한다. 짐작했겠지만 이 문장을 맞춤법에 맞게 쓰면 '나는 하늘이 높아서 행복해요'다. 따라서 정확한 맞춤법은 글의 전달력을 높이는데 무엇보다 효과적이다.

물론 처음 글을 배우는 상황에서 소리 나는 대로 쓰는 맞춤법의 오류는 크게 걱정하지 않아도 좋다. 정식 맞춤법으로는 틀린 것이지만 최소한 쓰기 발달 과정에서 초기 단계이기 때문이다. 소리 나는 대로 글을 쓸 수 있다는 것은 아이의 우리나라 말에 대한 지식이 있다는 것이다. 만약 초등학교 고학년이 되었는데도 이러한 형태의 맞춤법 오류를 보인다면 맞춤법과 같은 문법적인 해석이 원활한지 좀 더 면밀하게 살펴볼 필요가 있다.

같은 학년이라도 문장의 수준 차이가 크고 편차가 있기 때문에 아이의 문장 수준을 정확하게 가늠하기 어렵다면, 가장 쉽고 명확한 방법은 교과서나 학년에 해당하는 권장 도서의 문장을 받아쓰기하는 것이다. 하지만 언어 발달이 늦은 아이라면 그보다 더 낮은 단계의 책으로 체크한다. 받아쓰기를 하는 단어를 먼저 읽어주고 그 단어가 들어간 문장을 읽어준 후 다시 목표로 하는 단어를 읽어주는 방법이 가장 좋다. 우리말은 여러 가지 복잡한 발음 규칙과 쓰기 방법이 있어서 단어의 정확한 뜻을 제대로 파악하지 못하면 맞춤법을 제대로 쓰기 어렵기 때문이다.

예를 들어서 '밝다'가 목표 어휘라면 '밝다'를 한 번 들려주고 아이가 잘 모르는 것 같으면 '불을 켰더니 방이 밝다'라는 문장을 말해주고 다시 '밝다'를 말해주는 것이다. 혹은 단어를 유추할 수 있는 말을 전해주어도 좋다. '밝다'를 말해준 후 '이것의 반대말은 어둡다'라고 말해주어도 된다. 그러면 아이가 '발따'라고 듣더라도 그것이 '밝다'라는 것을 알 수 있다.

문장을 들려주고 확인하는 것도 좋은 방법이다. 단어 보다는 문장이 좀 더 복잡한 단위로 구성되어 있고 다양한 방법으로 표현되어 있다. '불을 켰더니 방이 밝다'와 같은 문장을 받아쓰기 하도록 하면 아이들은 '밝다'를 다른 단어로 혼동할 필요가 없다. 이러한 과정을 여러 번 거치면서 연습하다보면, 아이들의 맞춤법 자신감이 한 단계 올라가는 것을 경험할 수 있다. 받아쓰기를 반복해서 해보며 음운 규칙도 깨닫고 어려운 문장들을 잘 쓰게 된다.

일기를 쓰는 아이 옆에서 있다 보면 답답하기만 하다. 한 줄 쓰는데 무슨 시간은 저렇게 많이 걸리는지, 한 줄 쓰고 다음 문장 쓰는데 왜 이리 더딘지, 지켜보자니 속 터지고, 다 써주고 가르쳐주면서 하자니 초등학생인데 혼자 할 줄 알아야 하는 건 아닌가 하는 생각이 든다. 아이가 해야 하는데 고스란히 부모가 가르쳐주는 느낌이니 부담스럽기만 한 것이다.

그런데 글을 쓰는 아이의 옆에 가만히 앉아서 있다 보면, 아이의 글이 빠르게 나가지 않는 이유 중의 하나가 글자를 쓰는데 너무 많은 시간이 걸리기 때문이라는 것을 알 수 있다. 아이가 많이 물어보는 것 중에 "밝다에서 받침이 ㄱ이야, ㄹㄱ이야?", "하늘로 올라갔다에서 올라와 갔다는 붙여야 돼 말아야 돼?" 이런 것들이다. 때로는 불러주는 말을 받아쓰라고 해도 한 줄을 쓰는데 너무 많은 시간이 걸리니 답답한 적이 한 두 번이 아니다.

표기 유창성은 철자나 맞춤법을 쓰는데 시간이 많이 걸리지 않는 능력이다. 우리가 생각한 글의 내용이나 아이디어를 언어로 표기하는 것이 바로 글이다. 글을 쓰는데 있어 생각이나 아이디어를 정리하는 것뿐만 아니라 철자를 정확하게, 그리고 빠르게 쓰는 능력은 매우 중요하다. 특히 아이들에게는 글을 쓸 때 글자를 제 모양대로 쓰는 것이 중요한데 맞춤법 등에서 막히면 한 문장을 쓰는데도 상당한 시간이 필요할 수밖에 없다.

그렇다고 해서 아이들의 표기 능력이 숙련될 때까지 기다릴 필요는 없다. 처음 시작은 그림과 글로 함께 전달하거나 그림으로 전달하고 말로 설명할 수도 있다. 소리-글자의 관계를 익히기 전의 아이들은 그러한 과정을 통해서 말이 아닌 표기의 수단으로 자신의 생각이나 감정을 전달하는 연습을 하는 것이 좋다.

아울러 처음에는 한 두 문장 정도로 조금은 가볍게 써보게 하는 것이 필요하다. 꼭 길지 않아도 괜찮다. 처음 시도하는 글은 주어 목적어 서술어 정도의 짧은 문장만으로도 충분하다. 처음에는 너무 길게, 너무 자세하게 쓰는 것을 강요하지 않는 것이 좋다.

또 하나 우리말에서 중요한 문법 규칙 중 하나는 띄어쓰기와 문장부호이다. 일반적으로 띄어쓰기와 문장 부호는 다 맞지는 않더라도 의미를 전달하거나 해석하는데 크게 무리는 없을 수도 있다. 하지만 띄어쓰기나 문장 부호를 정확하게 써줄 때 사람들이 읽기도 좋고 아이들도 자신의 생각을 잘 전달할 수 있다. 기본적으로 마침표는 문장이 끝날 때, 물음표는 무언가를 질문할 때 쓰는 문장 부호인데 이것이 적절하게 들어가지 않으면 문장의 맥락이 완전히 틀려질 수도 있기 때문이다. 저학년 아이들은 쓸데없이 접속어 '그리고', '그런데', '그래서'를 남발하기도 한다. 잘못된 접속어의 사용은 글의 이해를 방해하지만 이 단계 아이들에게 크게 문제가 되는 것은 아니다.

모든 쓰기 문법을 부모가 다 알려줄 수는 없다. 읽기의 방법으로 문법이 익숙해진 아이들은 쓰기의 과정에서 실수는 덜하게 된다. 처음 쓰기를 시도하는 아이들은 철자를 기억해두었다가 쓰게 되는 것인데 읽기를 통해 익힌 맞춤법은 누가 일부러 말해주거나 외우지 않아도 자연스럽게 쓰기의 과정으로 이어진다. 결국 철자나 맞춤법 문제에 있어서도 충분한 읽기 경험은 중요하다. 무엇보다 잊지 말아야 할 것은 한국어 문법의 대부분이 완성되는 초등학교 시기에 맞춤법이 잘 갖추어져야 이후 쓰기에서 어려움이 줄어든다는 점이다. 쉽지만 결코 쉽지 않은 맞춤법, 아이들이 잘 해결해나갈 수 있도록 부모의 격려가 필요하다.

이야깃거리와 자기 조절 능력의 부족

"엄마 오늘은 뭐 써?" 아이가 매번 하는 말이다. 일기를 쓸 때 처음에는 무엇을 쓸지 부모가 도와주어야 할 때가 너무도 많다. "오늘 영화 본 이야기 써볼까?" 그렇게 엄마가 아이디어를 주더라도 아이의 반응은 시큰둥하다. 한 두 줄 쓰다가 "못쓰겠다", "어렵다" 하고 이야기한다. 주제를 정해주더라도 내용은 아이가 직접 만들어내야 하므로 알고 있는 것이거나 경험한 내용이 많을수록 유리할 수밖에 없다. 만약 주제가 '친구'나 '생일' 같은 일반적인 내용이라면 아이의 경험을 구체적으로 정리하는 능력이 필요하고, '문화재를 보호하자'나 '장영실의 일생' 같은 내용이라면 알고 있는 지식이 있어야 한다. 알고 있는 내용이 많을수록 더욱 구체적으로 잘 쓸 수 있다.

아이디어는 사실 머릿속에 담긴 추상적인 생각들에 불과하다. 이것을 전달하기 위해서는 구체적인 언어를 사용해서 표현해야 한다. 즉 같은 먹거리라고 해도 어떤 그릇에 담느냐 어떻게 포장하느냐에 따라 느낌이 다르다. 어떤 어휘를 선택해서 어떤 방법으로 쓰느냐에 따라 글의 느낌도 달라진다. 자신 있게 글을 쓰려면 자신이 잘 알고 있고 많이 경험해본 익숙한 분야에서 좀 더 잘 쓸 수 있다. 자신이 전달하고자 하는 주제를 어떤 형태의 글로 쓰는 것이 가장 효율적인가를 정하는 것도 아이의 아이디어다.

같은 내용이지만 흥미로운 어휘와 변화가 있는 글이 훨씬 쉽고 재미있다. 같은 제목을 가진 글을 쓰더라도 아이가 어떻게 생각하는가, 어떤 아이디어를 가지고 있느냐에 따라 다양해지는 경험들은 수도 없이 많다. 산낙지에 대해서 쓴 다음의 두 글을 비교해보면 아이디어가 얼마나 중요한지 느낄 수 있을 것이다. 산낙지의 이미지를 어떻게 잡았는지, 주제를 자세하게 쓰기 위해서 어떻게 정리했는지 살펴보면 좀 더 흥미롭다.

오늘 엄마와 시장에 갔다 왔다. 시장에서 산낙지를 보았다. 징그러워서 멀리 가고 싶었다. 엄마는 한참이나 낙지를 파는 아주머니랑 이야기를 했는데 옆에 서 있기가 너무 싫었다. 엄마가 인사를 하고 돌아서자 다행이다, 하고 한숨이 나왔다.

오늘 엄마와 시장에 갔다. 모서리 코너를 돌면 여러 가지 수산물을 파는 아주머니가 계신다. 생선, 조개를 파는 가게인데 오늘은 뭔가 살아있는 것이 꿈틀거리고 있었다. 엄마가 산낙지라고 말씀해주셨다. 엄마랑 아주머니가 이런저런 이야기를 하는 동안 나는 산낙지를 가만히 바라보았다. 다리를 흐느적거리며 움직이는 모습이 조금 징그럽기도 하고 무섭기도 했다. 그 다리로 나를 잡을 것 같았다. 엄마가 아주머니랑 인사를 하고 나오자 나는 엄마보다 앞서서 몇 발짝 먼저 뛰어갔다. <쥐라기 공원>에서 본 공룡처럼 낙지가 나를 뒤따라 쫓아올 것만 같다.

경험이든 배경지식이든 이야기의 내용이 부족하면 글을 제대로 쓸 수 없다. 쓰다가 내용이 막히고 제대로 쓸 수 없는 상황이 발생하는 것이다. 경험이 다양하고 읽기가 잘되어 있는 아이들이 쓰기에 관한 지식과 기술만 발달하게 되면 대부분 쓰기에 크게 무리가 없다.

일반적으로 초등학교 고학년이 되면 토론식 수업을 권하는 이유도 여기에 있다. 토론을 통해서 자신의 의견을 주장하고 근거를 논리적으로 전개하는 방법을 배울 수도 있지만 다른 사람들의 의견을 듣고 친구들의 이야기를 들으면서 자신이 생각하거나 경험하지 못했던 것들을 채워나갈 수 있다. 글을 쓰기 위한 모든 배경지식을 읽기와 경험만으로는 다 알 수 없기 때문에 다른 사람들의 생각이나 경험을 나누면서 알게 되는 정보들도 많다.

아이들도 이야깃거리가 부족한 내용은 쓰기 어렵다. 경험이나 읽기를 통해서 내용을 충분히 채우거나 아니면 자신이 생각했을 때 쉽고 편안한 주제, 또는 잘 알고 있는 익숙한 주제를 잡아서 쓰는 것이 가장 좋은 방법이다. 따라서 초등학교 저학년 시기와 같이 처음 글쓰기에서는 특히 잘 알고 있고 아이에게 충분한 이야깃거리가 있는 주제를 잡는 것이 좋다. 실제로 학교에서 이루어지는 글쓰기 자체도 경험을 쓸 수 있는 생활문 형식인 경우가 많다.

두 번째로 쓰기에 대한 집중력이 부족하면 잘 쓰기 어렵다. 글을 쓸 때 무엇을, 누구를 상대로 쓸 것인가에 대한 목표를 정하고 문장을 써 내려가게 된다. 이를 위해서는 상당한 집중력이 필요하다. 또한 쓰기를 위한 목표를 달성하기 위해서는 굉장히 많은 고민을 해야 한다.

글의 주제가 나왔을 때 연필을 들고 짧은 시간 안에 바로 쓸 수 있는 경우는 거의 없다. 생각하고 정리하고 필요한 자료를 찾고 이것들을 잘 구성하고 표현하는 능력, 그리고 처음 글을 쓴 다음에 다듬고 정리하는 능력이 필요하다. 또한 한 줄 쓰고 다른 생각하고, 한 줄 쓰고 다른 일 하면서는 절대 글을 쓸 수 없다. 글을 쓴다는 것 자체가 앞의 내용을 기억하면서 뒷내용을 연결해야 하고 이어질 문장들을 생각해야 하기 때문이다. 말보다는 글이 훨씬 더 이야기가 잘 조직되어 있어야 하고 내용적으로도 촘촘해야 한다.

글을 쓰는 동안은 목표한 한 편을 완성하는데 내용과 표현에 대한 집중력을 발휘해야 한다. 글의 내용 못지않게 중요한 것은 글을 어떤 그릇에 담느냐 하는 것이다. 똑같은 산낙지 이야기라도 일기로 쓸 수 있고 '바다의 생물을 보호하자'는 논설문이나 '낙지의 생태'에 대한 설명문을 쓸 수 있다. 아무리 좋은 내용, 훌륭한 글솜씨라고 해도 글의 종류에 적합한 글쓰기는 무엇보다 중요한 기술이다. 글을 통해 이야기하는 방법을 정확하게 아는 것은 매우 중요하다. 일기인데 딱딱한 '합니다체'를 쓴다거나 논설문을 써야 하는데 일기처럼 '~한 것 같다' 식의 문체를 쓸 수는 없는 것이다. 내용부터 문체까지 집중력이 없으면 한 편의 글을 제대로 완성해내기 쉽지 않다.

이를 위해서 고학년 즈음이 되면 개요를 작성하는 연습을 한다. 처음에는 어떤 내용을 쓸지, 본문에는 어떤 이야기를 풀어나갈지, 결론 부분에는 무엇을 쓸지를 적은 간단한 요약문을 만든다. 주제는 무엇으로 할지, 그를 뒷받침하는 내용은 어떤 내용으로 작성할지 큰 그림을 그리게 되는 것이다. 그 요약문을 바탕으로 하나의 글을 일관적인 흐름을 가지고 완성하기 위해서 노력하게 된다. 이러한 연습이 기반이 되어야 다양한 방법으로 중학교 이후의 논술을 준비할 수 있다.

무엇보다 중요한 것은 아이들이 글을 쓰기 위한 다양한 이야깃거리다. 소재나 주제를 다양하게 가지고 있는 아이들이 글쓰기에 실패할 확률이 적다. 하지만 아이들에게 충분한 이야깃거리가 있어도 글의 목적에 맞추어 어떻게 써야 하는지, 목적에 맞는 문체나 표현은 어떤 것이 적절한지 생각하는 능력이 꼭 필요하다. 그러한 계획을 바탕으로 한 편의 글을 완성해내는 것은 집중력임을 잊지 말아야 할 것이다.

쓰기 능력 발달 도와주기

처음은 아이의 말을 듣고 받아쓰기부터

많은 경우 아이들은 쓰기에 대한 경험이 미숙하기 때문에 어떻게 써야 할지 잘 모른다. 그래서 말은 잘하지만 똑같은 내용을 글로 써보라 했을 때 막연함을 느끼게 된다. 그렇게 어려워하는 아이가 안타깝기도 하고, 꼭 할 수밖에 없는 숙제인데 시간도 없고 하다 보니 부모가 대신 써주거나 내용을 불러주는 경우도 더러 생긴다.

초등학교 저학년에서 아이들이 겪는 쓰기의 어려움은 지극히 당연하다. 글을 읽기 시작한 것도 길어야 2~4년에 불과하고 글씨 쓰기를 시작한 것은 그보다 더 짧다. 읽기와 쓰기 경험이 얼마 되지 않은 아이들에게 정확한 글쓰기를 요구할 수는 없다. 한 문장, 한 단락 쓰기도 벅찬 아이들이 완벽한 맞춤법으로 하나의 주제를 정확하게 관통할 수 있는 글을 쓰기란 거의 불가능하다. 그런데 우리는 무의식중에 저학년 아이들에게 완벽한 글쓰기를 유도하니 더욱 문제다.

처음에는 아이가 하는 말을 부모가 그대로 써주는 방법이 좋다. 신나게 축구 이야기를 하는 아이의 이야기를 일단 부모가 받아써주면 한 편의 축구 이야기가 완성된다. 오늘 엄마와 함께 본 영화 이야기를 하는 아이는 영화가 오늘의 쓰기 주제가 된다. 아이들은 쓰기보다 말하기를 훨씬 더 쉬워하고 재미있어한다. 따라서 쓰기를 어려워한다면 우선 아이에게 주제에 대해 먼저 말해보게 하는 것이 좋다. 그런 후 부모가 그 내용을 받아써 주어서 아이가 내용을 파악하게 하는 방법이다. 물론 말하기와 쓰기는 다르기 때문에 말이 왔다 갔다 하기도 하고 표현이 어색하기도 하겠지만 자신이 말한 것이 활자화되고 글이 되는 경험을 해본 아이들은 '쓰기가 별 것이 아니구나' 하고 생각하게 된다.

혹은 초등학교 고학년에 접어들 무렵의 아이라면, 아이가 자신이 말한 내용을 녹음해서 직접 들어보게 하고 그를 바탕으로 써보게 하는 것도 방법이다. 다른 사람이 그 경험에 대해서 말한 내용을 듣거나 책에서의 내용을 읽는 것보다 자신이 말한 내용을 한 번 들어보면 아이 입장에서도 또 새로운 느낌이 들면서 글을 쓰는 힌트를 얻을 수 있다. 자신이 말한 내용을 들어보는 것은 색다른 경험이다. 아이에게 녹음한 내용을 틀어주고 따라 써보게 하거나 내용을 정리할 기회를 주면 된다.

아이가 한 말을 그대로 써보게 하는 것에서 주의할 점 중 하나는 이것은 속기가 아니라는 것이다. 그러므로 아이가 한 말을 완전히 조사 하나 틀리지 않고 그대로 쓸 필요가 없다. 흐름이나 맥락이 끊어지지 않게만 부모가 그대로 정리하거나 아이가 직접 들으며 정리해서 활용할 수 있도록 도우면 된다. 대신 부모의 생각이나 느낌, 덧붙임, 조언 등이 있어서는 안 된다는 점은 주의한다.

이 과정을 여러 번 경험한 아이들은 '말이 글이 될 수 있다'는 것에 용기를 얻게 된다. 자신이 말한 내용이 글이 되는 경험을 자연스럽게 알게 될 것이다. 그리고 이 경험이 끝난 후에는 '잘 말해주었다'는 칭찬과 '잘 썼다'는 격려가 꼭 필요하다.

때로는 부모나 어른의 표현을 아이가 써보게 하는 것도 좋다. 부모가 해주는 재미있는 이야기나 아이가 흥미를 가질만한 재미있는 표현들을 요약하거나 정리해서 써볼 수 있도록 유도하는 것이다. 혹은 책에서 찾은 좋은 표현들을 아이가 찾아보거나 말해보게 한 뒤 그것을 그대로 써보게 해도 괜찮다. 어른들이 글을 쓰기 위한 방법으로 책을 필사하거나 따라 써보기를 시도하는 것과 마찬가지다. 초등학교 고학년 정도면 충분히 가능하다.

둘째 아이의 초등학교 저학년 담임선생님은 일기를 쓸 때 다른 것들보다 날씨를 다양하게 쓸 수 있도록 지도하셨다. 보통 일기에서 날씨를 쓸 때 '맑음', '흐림', '비' 정도로 쓰게 된다. 선생님이 일러준 날

씨의 보기는 '햇빛이 뜨거운 날', '바람이 많이 부는 날' 등 구체적인 표현이었다. 그 이야기를 들은 아이가 한 번은 이렇게 써간 적이 있다. '파란 하늘이 반짝반짝 눈부신 맑은 날.' 이를 본 선생님이 그 표현에 큰 별표를 해주신 것을 보았다. 아이에게 물었더니 선생님께서 칭찬도 많이 해주시고 아이들 앞에서 좋은 표현이라며 박수도 쳐주셨다고 했다.

그 이후로 아이는 날씨에 관한 창의적이고 새로운 표현을 항상 쓰려고 노력했다. '비가 많이 와서 마음이 슬픈 날', '밤사이 내린 비로 나무가 초록색이 된 날', '바람이 살랑살랑 기분 좋은 날' 등 날씨를 생각하는 섬세한 아이의 마음이 정말 멋진 표현을 만들어 내는 것을 보고 깜짝 놀랐다.

이렇듯 아이의 글쓰기 표현력을 이끌어내기 위해서는 작은 과제부터 시도해보는 것이 좋다. 그리고 자신이 생각하고 쓴 표현이 인정받거나 칭찬받으면 아이들은 매우 좋아하고 더 다양한 표현으로 써보고 싶어 한다.

처음 쓰기를 시도할 때는 글의 길이에 크게 연연하지 않는 것이 좋다. 아이들은 쓰기를 할 때 빈 공간의 여백을 채워 넣는 것에 대한 두려움을 가지고 있다. '어떻게 저 공간을 다 채우지' 하는 고민은 성인들도 누구나 한 번쯤은 하기 마련이다. 따라서 공간을 다 채울 필요가 없다는 것을 부모가 먼저 생각해야 한다. 아이에게도 공간에 대해서 너무 두려워하지 않도록 격려해주어야 한다. 그래서 아이가 쓸 때 그 빈 공간에 그림을 그리거나 사진을 붙이는 등 다른 방법으로 채워 넣을 수 있음을 알려줄 필요도 있다.

아이가 고학년이 되어도 짧고 간단하게만 쓴다면 어떻게 해야 할까? 고학년 때도 글쓰기를 어려워하는 것은 글쓰기가 힘들고 귀찮은 것으로 여기고 있기 때문이다. 그리고 어린 시절에 경험했을 쓰기에 대한 부정적 경험이 아이의 쓰기를 어려운 것으로 여기게 만들었을 수도 있다. 따라서 써놓은 글에서 특정한 부분을 자세하고 길게 쓰는 연습부터 시작하는 것이 좋다. 자신 있는 분야 혹은 좋아하는 것을 조금 더 길고 자세하게 쓰는 연습을 통해 조금씩 살을 붙여 나가면 된다. 이런 연습을 통해서 일반적으로 아이가 모든 분야를 잘 쓰기는 어렵지만 어떤 부분은 좀 더 재미있게 잘 써나갈 수 있다.

글의 주제를 먼저 말로 이야기해보는 것이 좋다. 말로 한 번 해보고 나면 생각도 정리가 되고 내용의 줄거리도 어느 정도 잡힌다. 그렇게 하고 나서 글을 써보면 아무 것도 없는 상황에서 막연하게 쓰는 것보다 좀 더 자신감이 생기기 마련이다. 물론 이 과정에서 말하는 것을 부모가 써주면서 글로 써주거나 중간 중간 더 깊이, 더 많은 것을 생각하며 이야기를 만들어가도록 유도할 수 있다.

초기의 성공적인 쓰기 경험이 아이들의 이후 쓰기 과정을 즐거운 것, 최소한 어렵고 힘든 것만은 아니라는 인식을 만들어갈 수 있다.

첫 글쓰기 단계, 혹은 처음은 그렇게 못했어도 좋아하는 관심 분야가 생겼을 때 쓰기에 관한 부모의 도움과 구체적인 방법의 제시는 아이의 글을 반짝반짝하게 만드는 밑거름이 될 수 있다.

‘이어쓰기’로 어휘와 문법 잡기

아이들이 말하는 것보다 쓰기에서 어휘를 더 어려워하는 것은 문장 내에서 적절하고 적합한 어휘를 빠르게 찾지 못하기 때문이다. 그리고 정확한 표현을 써야 하기 때문에 정확한 말을 써서 지적받은 경험이 많은 아이들은 “이게 뭐였더라…” 하다가 “쓰기 싫어!”라고 말하게 된다.

이렇듯 초등학교 입학 이후 아니 그 이전부터 말하기, 듣기, 읽기, 쓰기 등 아이의 언어능력의 모든 영역에서 어휘력이 차지하는 비중은 점점 커진다. 무슨 말인지를 알고 제대로 쓸 수 있어야 아이의 언어도 함께 성장해나갈 수 있다. 특히 쓰기의 영역으로 가면, 정확한 어휘의 구사만큼이나 맞춤법과 띄어쓰기, 문법이 중요해지기 때문에 더욱 어렵게 느껴진다.

많은 어휘를 한꺼번에 나열할 수 있는 가장 좋은 방법은 단어를 직접 말해보는 것이다. 끝말잇기나 단어 찾기 게임처럼 다양한 방법으로 단어를 떠올리는 방법은 너무도 좋다. 그런데 쓰기에서 어휘력과 문법이라는 두 마리 토끼를 한 번에 잡으려면 이어쓰기의 방법이 더 효과적이다. 게임처럼 적용하면 아이들도 재미있어하고, 흥미로운 표현들이 산출되기도 한다.

단어 이어쓰기는 말로 하는 끝말잇기 게임과 비슷하다. 처음 단어를 쓰기 시작하거나 쓰기에 자신이 조금씩 생기는 저학년 아이들에게 적합하다. 대신 단어 이어쓰기는 끝말잇기처럼 단어를 말하는 것이 아니라 직접 쓰면서 이어나가는 것이 조금 다르다. 예를 들어서 아이가 '하마'라는 글씨를 쓰고 그것에 이어서 엄마가 '마라카스'라고 쓰고 아빠가 뒤이어 '스리랑카'라고 쓰는 것이다. 처음에는 말로 직접 말하면서 단어를 써보고 조금 익숙해지면 말없이 글만 가지고 이어쓰기를 해본다. "하마"라고 적은 종이를 넘기면 "마라카스", "스리랑카"와 같이 직접 써보는 것이다.

이렇게 글씨를 쓰다 보면, 아이가 단어를 정확하게 쓰는지 안쓰는지 맞춤법이 맞는지 틀렸는지 확인할 수 있다. 혹시 틀리더라도 "다시 생각해봐"와 같이 기회를 주는 것이 좋고 틀렸다고 혼내는 태도는 바람직하지 않다. 그렇다면 아이 스스로 도전 의지를 꺾을 수 있기 때문이다.

문장 이어쓰기는 단어 쓰기나 문장 쓰기가 좀 더 원활해진 후에 시도할 수 있다. 부모의 도움 없이 혼자서 최소한 한 문장 정도를 쓸 수 있고 맞춤법에 어느 정도 맞게 쓸 수 있으면 가능하다. "옛날 옛날에"와 같은 한 구절을 아이가 먼저 쓰면 누나가 "찬수와 천수가 살았습니다." 이렇게 한 문장을 완성한다. 엄마는 "둘은 우애 좋은 형제였고", 아빠가 "누구보다 좋은 친구로 자라났다. 그런데…"와 같이 문장을 잇는다. 구절의 마지막을 접속사나 끊어지는 구로 이어놓으면 아이들이 그것을 어떻게 연결할지 골똘히 생각한다. 다만 혼자 쓰는 것보다 여러 명이 돌아가면서 쓰기 때문에 자신이 의도하지 않은 방향으로 글이 흘러갈 수 있으므로 세심한 주의도 필요하다.

문장 이어쓰기에서 가장 재미있으면서도 흥미로운 점은 접속사의 연결에 따라 앞뒤의 문장이 어떻게 연결되는지 알아야 한다는 것이다. 예를 들어 앞선 사람이 "… 그러나"로 끝냈다면, 앞뒤의 문장은 반대나 다른 의미를 가진 내용으로 작성해야 한다. 혹은 "… 그리고"라고 썼다면 두 가지가 자연스럽게 연결될 수 있도록 내용을 만들어야 한다. 이러한 접속사의 사용이나 문장의 사용에 대해서 좀 더 신경 써서 작성할 수 있다.

또한 문장의 어구나 사용이 어떻게 연결되어야 자연스러운지 생각하고 판단할 수 있다. 앞의 예에서 "둘은 사이좋은 형제였고…"라고 쓴다면 뒤에는 싸웠거나 매일 다투었다거나 사이가 좋지 않았거나 하는 표현을 쓰는 것은 부적절하다는 것을 짐작할 수 있다. 접속사의 형태나 문장의 구문을 보고 다음에 어떤 문장이 어떻게 이어지는 것이 적절할지 생각해보고 활용하는 것은 문장 쓰기에 있어서 상당히 좋은 언어능력이라고 볼 수 있다. 앞뒤의 문맥을 보는 능력은 꼭 필요한 쓰기 능력이기 때문이다.

이렇게 가족이 모여서 문장을 완성해가다 보면 아이가 앞뒤 맥락을 잘못 연결하지는 않는지, 부모가 직접 문장 상황에서 맞춤법이나 문법이 틀리지는 않은지를 확인할 수 있다. 가끔은 의도적으로 부모가 틀리게 써놓는 것도 방법인데 아이들은 의기양양하게 무엇이 틀렸는지 찾고 "아빠 틀렸잖아" 하고 말하면서 기분 좋아한다.

초등 고학년 이상의 아이들이 할 수 있는 방법은 릴레이 형식의 글을 만드는 것이다. 흔히 우리가 앞의 내용을 받아서 다음 내용을 채워 넣고 그 내용을 바탕으로 아이가 그 다음 내용을 만드는 형태를 생각하면 쉽다. 팀원들이 문장을 넘어서서 한 단락씩 만들어내는 과정이 가장 좋다. 이 과정에서 단락의 내용이 하나의 주제로 간단하게 정리될 수 있다는 것을 배워나가야 한다.

단락이라고 해도 문장이 여러 개여야 하거나 내용이 복잡할 필요는 없다. 두 줄 이상이면 충분하다. 처음 사람의 의도와는 달리 몇 사람만 지나가면 처음 의도와 완전히 다른 글이 되어 있기도 하고 때때로 모든 사람들의 생각과 비슷한 논조로 흘러가기도 한다. 내 글을 이어서 다른 사람이 어떻게 썼는지, 다른 사람의 글에 내가 이어서 어떻게 쓸지 관찰하고 생각해보면서 쓰기를 재미있어하게 된다.

단락 이어쓰기를 하다보면, 문장을 만들어내는 아이의 어휘력이 어떤지, 문장의 사용은 자연스러운지와 같은 다양한 내용을 확인할 수 있다. 이야기를 만들어내는 것을 좋아하는 아이들이 생각보다 많다는 것도 알 수 있다. 이렇게 자유로운 형태의 다소 재미있는 글쓰기의 방법은 아이들에게 쓰기에 대해서 '생각보다 별거 아니구나' 하는 자신감을 심어줄 수 있다.

또한 아이의 어휘력과 맞춤법을 늘려갈 수 있는 좋은 방법이다. 많이 써봐야 쓰기 기술도 늘어난다. 무엇을 어떻게 써야 할지 막막한 아이들에게 이러한 방법의 쓰기는 흥미를 불러일으킬 수 있다.

그리고 상대방의 말이나 글에 이어 쓰는 형태이기 때문에 상대방의 글이 무엇인지 유심히 읽어보게 되고 그것을 이어 쓸 수 있는 내용을 찾게 된다. 단어 이어쓰기를 통해 아이가 얼마나 많은 단어를 알고 있는지, 어휘력에 대한 부분과 정확하게 맞춤법을 알고 있는지 확인할 수 있는 과제이고 문장 이어쓰기는 띄어쓰기나 쓰기 문법 등도 확인할 수 있기 때문에 더욱 의미가 있다.

브레인스토밍으로 쓰기에 도전하기

우리말을 충분히 알고 자유자재로 말할 줄 안다고 해도 자신이 아는 것이나 생각하는 것을 글로 표현하는 것은 결코 쉽지 않다. 또한, 읽기 훈련이 되어있더라도 그것이 쓰기로 곧바로 연결되지는 않는다.

그럼에도 불구하고 부모가 혹은 교육 환경에서 쓰기를 강조하는 것은 글쓰기가 자신을 드러내는 가장 좋은 수단이기 때문이다. 예전에는 쓰기의 매개체가 종이 위의 글자였지만 지금은 SNS의 사용도 늘었고 문자메시지나 카카오톡과 같이 문자를 통해서 소통하는 방법도 많아졌다. 무엇보다도 많은 나라에서 글쓰기 교육이 필수적인 과정으로 자리매김한 것은 학교 환경뿐만 아니라 사회생활에서도 글로써 평가를 받는 시대가 되었기 때문이다.

여러 번 강조하였지만 아이가 글을 잘 쓰려면 충분한 독서의 시간은 반드시 필요하다. 쓰기를 위해 꼭 필요한 배경지식을 쌓기 위해서다. 배경지식이 없이는 글을 잘 쓸 수 없고, 글의 내용을 충실하게 채워 넣을 수 없다. 그렇지 않으면 내용을 찾기 위해 쓰기를 자주 멈추고 다시 자료를 찾는 상황이 생길 수밖에 없다.

배경지식을 충분히 가지고 있다는 것은 아이가 '잘 아는 내용을 쓸 수 있다'는 것이다. 그만큼 시간이나 노력이 다른 아이들에 비해서 절반으로 줄어드는 것이다. 그래서 본격적으로 글을 쓰기 전에 관련된 많은 내용을 읽어보고 글의 내용에 대해서 미리 준비해놓는 것이 좋다.

때때로는 또래의 글이나 비슷한 혹은 반대의 시각을 가진 의견의 글을 읽어보는 것도 도움이 된다. 우선 또래의 글은 공감대를 불러일으킬 수 있어서 매우 유용하다. 아이들은 또래의 글을 통해 힌트를 얻게 된다. '이렇게 쓰면 되겠구나', '나도 비슷한 일이 있었는데', '이것을 이렇게 썼네… 참 신기하다'라고 생각하게 된다. 그리고 자신과 같은 입장이거나 반대 입장의 글을 읽어보면, 글을 어떻게 풀어나가야 할지에 대한 방향도 보이고 다양한 견해를 읽으며 자신의 입장을 강조해서 확인할 수 있다.

글감을 잡기 위해서 할 수 있는 가장 쉬운 방법 중의 하나는 마인드맵이다. 주제가 정해져 있는 쓰기라면 주제를 동그란 원안에 쓰고 그 옆으로 가지를 그려가며 이야기의 뼈대를 만들 수 있다. 예를 들어서 '저금'을 주제로 글을 써야한다면 저금을 중간에 있는 동그라미에 쓰고 그 옆으로 몇 개의 동그라미를 그린 뒤 가지를 잇고 생각나는 단어를 쓴다. 단어 "저금" 옆으로 "돼지저금통", "동전", "은행", "절약" 등 다양한 연관된 단어를 쓸 수 있다. 때로는 개인적인 이야기나 스토리가 있다면 함께 써주어도 좋다. 그 후 "돼지저금통"에서 또 몇 줄기의 가지를 만들어간다. "지금 모으고 있음", "500원, 100원, 10원"과 같이 돼지저금통이라는 말을 들었을 때 연관되어 생각나서 쓸 수 있는 단어들을 써본다. 이렇게 몇 번의 단어 가지를 펼쳐나가다 보면 꽤 풍성한 개요의 글이 된다.

글을 쓸 때 모든 소재들을 다 쓸 수는 없다. 하지만 이렇게 생각의 고리를 이어나가다 보면 미처 생각하지 못한 것들을 생각해낼 수 있고, 자신의 쓰기에 있어서 좀 더 의미가 있고 다른 사람들이 미처 생각하지 못한 재미있는 것을 찾을 수도 있다. 마인드맵은 머릿속에 둥둥 떠다니는 생각들을 구체적인 단어로 떠올릴 수 있도록 돕는 것은 물론, 연결되는 고리들에 따라 정리해줌으로써 글을 쓸 소재를 얻는 좋은 수단이 된다.

글에 대한 다양한 아이디어는 쓰기의 출발점이 된다. 아이디어를 구체화기 위한 아이의 생각은 부족하고, 글의 방향을 제대로 잡아가는데도 시간과 노력이 많이 필요하다. 초등학교 아이들의 쓰기 능력은 아직도 미숙해서 그렇게 시간과 노력을 들였는데도 제대로 글의 윤곽이 잡히지 않는 경우도 생긴다.

이럴 때 도움을 주는 것은 부모의 질문이다. 물론 아이에게 질문을 한다고 몇 가지를 집요하게 하거나 원하는 방향으로 유도하는 것은 좋지 않다. 자칫 글쓰기를 간섭하는 것처럼 느껴질 수도 있다. 글의 맥락을 놓치지 않도록 그리고 아이가 알고 있는데 혹시 놓친 것이 없도록 도와주는 역할이면 충분하다. 부모의 질문을 통해서 아이는 자신이 경험한 것이나 생각한 것을 자세하게 떠올리고 정리할 수 있게 된다.

또한 아이의 반응을 보면서 이야기를 나누고, 감정적으로 공감해주고 소통해주는 것이 좋다. 아이들은 부모가 공감해주는 모습을 보고 스스로 감정들을 정리해 나갈 수 있다. 그러한 생각과 느낌들이 정리하도록 도와줌으로써 정서적으로 풍부한 글을 완성하게 된다. 질문을 통해서 좀 더 자세히 회상하고 생각할 수 있다면 아이의 글은 좀 더 좋아질 수 있다. 그렇다고 해서 아이가 쓰는 글에 대해 너무 많은 질문과 공감을 하게 되면 아이의 글이 아니라 부모의 글이 될 수도 있다는 점은 유의해야 한다.

좀 더 신경을 쓴다면, 쓰는 공간이나 자리도 좀 더 편안하고 자연스러우면 좋다. 그렇지 않아도 쓰기 자체가 부담스럽고 힘든데 딱딱한 책상이나 의자에 앉아 공부하듯이 쓰기를 강조한다면 아이는 그 자체가 달갑지 않을 것이다. 처음에는 부모와 대화할 수 있을 정도의 열린 공간도 괜찮다. 자연스럽고 편안한 분위기에서 쓸 수 있도록, 그리고 시간이나 공간을 너무 딱딱한 형식에 가두지 않는 것이 꼭 필요하다. 쓰기는 결코 공부가 아니다.

책 읽기를 통해서 다양한 배경지식을 쌓고 그를 바탕으로 마인드맵이나 부모와의 대화를 통해서 주제나 글감을 구체적으로 만드는 것, 그리고 공간을 편안하게 하는 모든 것이 아이의 글쓰기 브레인스토밍을 위한 좋은 촉진제 역할을 하게 된다. 아직 쓰기 경험이 완전하지 않은 초등학생들은 이러한 과정들을 통해서 쓰기를 하기 위한 기초 과정을 배우게 된다.

아울러 잊지 말아야 할 것 중 하나는 저학년과 고학년의 쓰기는 다르다는 것이다. 저학년 아이들의 글은 사실에 대한 설명이 많고 고학년 아이들의 글에서는 같은 일을 놓고서도 느낀 점이나 생각들이 더 많아진다. 아이의 생각과 느낌이 글 안에 충실히 포함될 수 있도록 부모가 다양한 방법으로 도움을 줄 수 있고, 이는 글쓰기와 관련된 전략이 될 수 있다.

맞춤법이나 형식을 지나치게 지적하지 마라

아이들이 써놓은 글을 보면 손을 대고 싶을 때가 많다. 아무리 부모가 글쓰기를 싫어하고 해본 적이 없다고 해도 어른의 눈으로 보면 아이의 글은 허점투성이이기 때문이다. '이 표현은 어색하고 이 부분은 접속어가 틀린 것 같고 이 부분은 맞춤법이 틀렸고 주어-서술어 관계가 명확하지 않고 내용의 흐름이 이상하고' 등등 어른의 눈으로 보면 아이의 글을 고칠 곳이 한 두 곳이 아니다. 그래서 때로는 지우개를 들고 아이의 글을 지우고 다시 쓰게 강요하거나 문장을 불러주고 받아쓰게 하기도 한다. 지나고 보면 아무 것도 아닌 것을 '왜 이리 거슬리고 조금이라도 더 잘 쓰게 하고 싶었는지 부모 욕심이었구나' 하는 생각이 참으로 많이 든다. 그런 부모의 앞에서 아이는 주눅 들어 있는 것이 사실이다. 부모의 수정이나 지적이 싫은 아이들은 아마 쓰기 자체가 더욱 힘들게 느껴질 것이다.

보통 아이들이 써놓은 글을 읽다보면 많은 경우에 띄어쓰기나 맞춤법이 틀렸다고 표시하고 고치게 될 때가 많다. '잘못된 것이 보이는데 그럼 이것을 그냥 넘어갈 거냐'고 반문할 수도 있겠지만 아이들은 이러한 형식적인 부분을 지나치게 지적받게 되면 쓰기 자체가 싫어질 수도 있다. 특히, 저학년 때는 글의 내용을 충실히 할 수 있도록 연습하는 것이 필요하다. 물론 고학년 때는 문장이나 문법과 같은 형식적인 부분들을 좀 더 확인해볼 필요가 있다.

오히려 아이가 쓴 글에 대해서 좀 더 세밀하게 체크하고 싶다면, 주제와 관련된 것들이나 어휘와 구문 등에서 찾는 것이 좋다. 예를 들어서 주제와 관련이 있는 단어들을 사용했는가, 각 문장이 주제와 관련이 있는가, 각 문장이 명확하고 이해하기 쉬운가와 같은 것이 더 중요하다. 아이의 글에 대해서만큼은 큰 가지가 중요하지 작은 나뭇가지, 풀잎 하나에 너무 집중하지 말라는 뜻이다.

모르는 글자를 가르쳐주지만 잘못을 지적한다는 느낌을 주면 안 된다. 우리가 발음이 나쁘다고 지적받는 단어들을 일부러 피하는 것처럼 맞춤법과 띄어쓰기를 자주 지적받은 아이들은 자신 없는 글자를 잘 쓰려고 하지 않게 된다. 특히 처음 글을 쓰는 아이일수록 부모는 아이가 쓴 글 자체보다 아이가 쓰려는 내용을 잘 파악하려고 노력하고 칭찬해주는 것이 좋다.

특히 처음 글을 쓰는 초등 저학년의 경우는 맞춤법과 띄어쓰기보다는 떠오르는 생각을 자유롭게 쓸 수 있도록 하는 것이 필요하다. 사실 한 단락 정도의 짧은 글도 써내려가기 어려운 아이들이기 때문에 적절한 격려의 칭찬은 무엇보다 중요하며 아이의 글을 완성시키는 힘이 된다. 글을 읽다보면 글의 주제와 다른 이야기를 하거나 똑같은 글자를 다르게 쓰기도 하고(케이크/케잌, 유투브/유튜브), 접속사간의 연결이 어색할 때도 있다. 문장의 길이 조절이 쉽지 않아 너무 길게 쓰거나 짧게 쓰기도 한다. '오늘', '나는'의 사용이 빈번해서 글이 대부분 그렇게 시작하는 경우가 많다. 문장을 손대고 글의 표현을 고치려고 든다면 아마 아이가 쓴 글 전체를 빨간 펜으로 고칠 수 있을지도 모른다.

또한, 글의 형식에 대한 구체적인 고민 없이 하고 싶은 말이나 관심 있는 내용을 먼저 쓰는 경우가 많다. 이 시기의 아이들은 글을 쓸 때 정확한 문법이나 글씨체를 쓰기보다 풍성한 표현, 생각나는 대로 다양한 이야기들을 쓰게 하는 것이 더 좋다. 그래야만 이후의 쓰기 과정에서 덜 위축되고 즐겁게 참여할 수 있다.

문장을 고치는 가장 흔한 방법을 불러주는 것이다. "따라 써!"라고 하면서 아이에게 부모가 불러주는 말을 쓰도록 하는 것은 처음에는 속도도 빨라지고 표현도 만족스럽지만 점점 무의미해질 수도 있다. 부모가 불러주는 대로 글을 쓰다보면 자신감도 떨어질뿐더러 흥미도 없어진다. 자신의 생각이 아닌 부모의 표현을 불러주는 대로 쓸 뿐이니 답답한 노릇이다.

초등학교 아이라면 아직은 첨삭을 해줄 필요가 없다. 아이에게 문장이나 글의 내용에 대해서 물어보고 스스로 무엇이 잘못되었는지를 찾아 고치게 하는 것이 가장 좋다. 스스로 고쳐보고 다듬어보는 경험이 있는 아이들의 글은 그다음에 훨씬 더 좋아진다. 글을 쓴 뒤에 스스로 고치는 습관을 들이면, 틀린 부분은 고치고 부족한 부분은 조금 더 채워 넣는 힘이 생긴다. 맞춤법과 띄어쓰기가 자꾸만 신경이 쓰이겠지만, 처음 글쓰기를 도전하는 초등학생이라면 글에 담긴 아이의 마음부터 먼저 읽어주는 부모의 눈이 더욱 필요하다고 해도 과언이 아니다.

아이들의 시험지를 채점하는 경우, 많은 아이들은 맞은 문제에 대한 동그라미는 크게 그리지만 틀린 문제에는 작게 브이자 표시를 하고, 나중에 틀린 문제를 고치는 과정에서 두 번째에 맞추게 되면 아이스크림 모양을 그리거나 별을 그리는 경우가 많다. 아이들에게도 죽 그어놓은 사선은 참으로 부담스러운 것이다. 그렇기에 아이가 쓴 종이에 펜으로 죽 그어놓은 글씨나 다른 형태의 표시들은 아이에게 부적절한 자극이 될 수 있다. 우선 그 종이나 공책을 볼 때 선명하게 틀렸음을 깨닫게 되기 때문이다. 아이들은 그렇게 고쳐진 자신의 글을 다시는 꺼내서 보고 싶지 않을 것이다.

학교에서 일기장 검사를 하는 경우가 많다. 그런데 아이들이 주말을 지내고 낸 일기장을 다시 돌려받았을 때 자신의 일기를 다시 펼치는 경우가 있는데 어떤 때일까? 바로 선생님이 다정한 메모를 써준 경우다. "○○야, 너무너무 신난 경험이었겠다. 선생님도 해보고 싶네", "참 귀여운 강아지구나. 좋은 이야기 써줘서 선생님도 너무 감동했어", "할아버지 할머니를 뵙고 왔으니 참 좋았겠다. 앞으로 더 자주 찾아뵙고 즐거운 시간 보내렴." 이런 글들을 써놓으면 아이들은 자신의 일기장을 다시 펼치게 된다. 그리고 더욱 신기하게도 다음에 아이들은 더 열심히 일기를 쓰고 선생님의 다음 피드백을 기다린다.

자신의 글에 공감해주는 어른이 있다면 아이는 더욱 글쓰기가 재미있어진다. 그것이 자신이 가장 좋아하는 부모라면 더할 나위 없는 좋은 자극제가 될 것이다. 글에 담긴 아이의 마음부터 먼저 읽어주고 조금 부족하더라도 잘 했다고 말해주는 부모가 있다면 아이의 쓰기 능력은 조금씩 향상될 것이다. 물론 "너 잘 쓴다, 참 잘한다"와 같이 무조건적인 칭찬은 큰 의미가 없다. 오히려 구체적인 칭찬이 훨씬 더 도움이 될 것이다. "아까 공원에서 본 분수를 이렇게 표현하다니 참 대단하다", "원두막에서 수박 먹은 이야기를 어쩌면 이렇게 실감나게 썼니?", "네가 이런 생각을 하다니 기특하다"처럼 정확한 내용으로 써주는 것이 좋다.

Q. 논술과 같은 쓰기 수업은 꼭 해야 하나요? 한다면 언제 하는 게 좋나요?

우리나라는 평균적으로 쓰기 교육을 지나치게 빨리 시작하는 편입니다. 한글을 읽고 쓰는 것도 문자를 학습하는 준비가 되기 전부터 시작합니다. 다섯 살쯤 되는 아이가 한글을 읽고 쓰는 것을 보면 우리 아이는 늦는 게 아닌지 조바심도 납니다.

엄밀히 말하면 쓰기 교육이 본격적으로 이루어지는 것은 초등학교 중학년 이상은 되어야 가능합니다. 단순히 문장을 받아쓰는 형태는 더 어린 나이에도 가능하나 자신의 생각이나 느낌을 담은 글을 쓰는 것은 문장에 대한 연습도 어느 정도 이루어지고, 배경지식을 바탕으로 자신의 생각을 정리할 수 있는 초등학교 중학년 정도가 훨씬 더 효율적입니다.

입학하기 전 시작하는 논술 수업은 말이 논술이지 사실상 독서, 즉 읽기 수업에 가깝습니다. 충분한 경험과 생각 없이는 쓸 수 없기 때문에 그에 대한 경험으로 책을 주는 것입니다. 또한 문장을 다듬고 맞춤법을 고치는 것만이 전부인 쓰기 수업도 의미가 없습니다. 초등학교 시기에는 문장을 정확하게 쓰는 것보다 생각과 느낌을 어떻게 잘 정리하는가가 훨씬 더 중요합니다.

이런 면에서 종합해보면 논술 수업의 가장 적기는 초등학교 중학년입니다. 경험도 어느 정도 쌓여있고 개념이나 내용도 잘 알고 자신의 생각도 주관도 생긴 나이입니다. 글의 맞춤법이나 문법도 글을 쓸 수 있을 만큼 어느 정도 잘 갖추어져 있습니다. 그보다 어린 시절에 쓰기 교육을 시작한다면 큰 기대는 하지 않고 워밍업 차원에서 시도해보는 정도면 괜찮습니다. 저학년 아이들에게 정확하고 완벽한 글쓰기를 강요하는 것은 쓰기로부터 점점 멀어지게 하는 길임을 잊지 말아야 할 것입니다.

말하기 · 듣기를 넘어 읽기 · 쓰기에 날개를 달아 주는 학령기 언어학습법

초등아이 언어능력

초판 1쇄 발행 2018년 11월 5일
초판 2쇄 발행 2020년 12월 10일
지은이 장재진

펴낸이 민혜영 | **펴낸곳** (주)카시오페아 출판사
주소 서울시 마포구 월드컵로 14길 56, 2층
전화 02-303-5580 | **팩스** 02-2179-8768
홈페이지 www.cassiopeiabook.com | **전자우편** editor@cassiopeiabook.com
출판등록 2012년 12월 27일 제2014-000277호
편집 최유진, 위유나, 진다영 | **디자인** 고광표, 최예슬 | **마케팅** 허경아, 김철, 홍수연

ISBN 979-11-88674-33-6 03590

이 도서의 국립중앙도서관 출판시도서목록 CIP은 서지정보유통지원시스템 홈페이지(http://seoji.nl.go.kr와 국가자료공동목록시스템 http://www.nl.go.kr/kolisnet에서 이용하실 수 있습니다.
CIP제어번호: CIP2018034497